ピジョンの誘惑
論理力を鍛える70の扉
Temptation of Pigeonhole Principle
根上生也 著
Negami Seiya
日本評論社

はじめに

この本には70個の扉が用意されています。そして、その扉には何かが書かれています。ある扉には当たり前のことが、またある扉には驚くべき事実が書かれています。そのままでは意味不明な事柄が書かれた扉もあります。そして、その扉をめくるたびに、あなたは「ピジョンの誘惑」に魅せられてしまうでしょう。

そのピジョンとは、鳩のことです。そして、どの扉に書かれている事柄も「鳩の巣原理」と呼ばれる考え方に基づいて証明できることです。

鳩の巣原理とは「鳩が10羽いるのに鳩の巣が9個しかないと、同じ巣に入る2羽の鳩がいる」ということ。一般的な言い方をすれば、入れ物（＝鳩の巣）よりも入れる物（＝鳩）の方が多いと、入れ物のどれかには2つ以上の物を入れざるをえないということです。こんな当たり前のことを根拠として、扉に書かれている驚くべき事柄が証明できるのです。

鳩の巣原理は、古くは「ディリクレの部屋割り論法」とか「引き出し論法」と呼ばれていました。英語ではPigeonhole Principleといいます。Pigeonholeは鳩の巣箱のことですが、

いろいろな物を仕分けするための整理棚という意味もあります。後者の意味を優先すれば「引き出し論法」という訳もうなずけますが、やはり鳩を引き合いに出した方が愛着がわくでしょう。

というわけで、この本では鳩の巣原理と呼ぶことにして、「ピジョン」の魅力を存分に味わってもらいます。そして、あなたの論理の力を鍛えていきます。

論理的にものを考えるということは、筋道を立てて考えるということです。「こうならばこう、ああならばこう、したがって、こうだ」と考えを進めることです。その際に大切なのは、何が前提で、もしくは仮定で、それから何が結論として導かれるのかを、きちんと区別することです。

しかし、日常的な事柄を議論しているときには、直面していることの意味や背景に引きずられて、価値観に依存した議論に陥ってしまうことが多いでしょう。好きか嫌いか、いやか、いやでないか。どんなに議論を積み上げても、所詮そういうことでものを判断しているようでは情けない。どんなに論理的なふりをして熱弁したところで、まるで意味がない。

そこでどうするか。もちろん、人間社会での事柄は歴史的な事実や価値観に依存することばかりだけれど、まずは論理的に考える練習をしてみましょう。この本はそのお手伝いをします。

だからといって、あまりにも抽象的な命題を論理的に処理する練習をしても、本当に論理的にものを考えられるようになるかどうかは怪しいでしょう。そこで、登場するのがこの本のテーマである「鳩の巣原理」です。それは「鳩が10羽いるのに巣が9個しかないと……」というまるで当たり前なこと。この本に書かれている論証のすべてが、この鳩の巣原理を根拠にしています。その根拠は当たり前のこと。誰もが成り立って当然だと思う。だから、なぜそうなるのだろうと悩む必要はないのです。だから、後に続く論理の展開だけを学ぶことができるのです。

でも、当たり前、当たり前といっても、最終的に結論された事柄は当たり前のことばかりではありません。

たとえば、初級篇のはじめの方に用意された扉に書かれていることは、当たり前の連続です。まずは「そりゃ、そうだ」と思う練習をします。しかし、その後には少々意外に思える事柄も登場してきます。でも、複雑な議論をするまでもなく、ちょっとした着想をもつだけで、「確かにそうだ」と思えることばかりです。そして、鳩の巣原理の魅力を少しだけ感じてもらえるでしょう。簡単にいうと、初級篇（☆、☆☆）の論証は、鳩の巣原理を使えば、一手で詰みます。

それに続く中級篇（☆☆☆）の扉には、直ちには明らかではないけれど、こんなことが言えるのかと興味をそそられる事柄が書かれています。それは、そのままでは鳩の巣原理が使えないけれど、見方を変えて、多少の工夫をすることで、鳩の巣原理に帰着される命題なのです。はじめのうちは扉に書かれていることを読んだらすぐに、その裏に書かれている説明を読んでください。次々と繰り出されるアイディアを楽しんでもらえるでしょう。でも、そのうちに、自分でそのアイディアを見つけたいと思うようになってくるかもしれません。はじめは、いったい何から手を付ければよいのかと悩むでしょう。しかし、必ず鳩の巣原理を根拠として証明ができます。だから、何を鳩と考えて、何を巣と思えばよいのか、そして、何が重複するのか、と考えを巡らしてみましょう。

上級篇になると、少々難解なレベル（☆☆☆☆）の扉が並びます。数学の用語や考え方を知らないと対処できないものも登場します。なので、その扉をめくると、その用語や概念の説明が書かれています。といっても、普通の数学の教科書に書かれているような書き方をしませんでした。数学を専門的に勉強した人にとっては回りくどい表現になっていますが、あえて数式を多用せず、言葉だけで解説してあります。数式を使うといっても、指示代名詞では区別しきれない対象をアルファベットにしてある程度です。そして、特別篇には☆☆☆☆☆のレベルの扉も登場し、鳩の巣原理によってある結論を得た後に、長い議論が続いていきます。解説の図を参考に自分で図を描いたりして、その長い議論を追いかけることにチャレンジしてみましょう。

全部で70の扉が用意されているわけですが、その中には、見かけは違うけれど、同じことだと思えるものも混ざっています。あなたがそのことに気付いたのなら、かなりセンスがよいです。本質的に同じこと、共通することを見抜くという態度が身に着けば、あなたの論理力はかなりパワーアップしたことになります。単に論理、議論の筋道が追えるというだけでなく、その本質は何かを考えられるようになるわけですからね。

最後に、私のわがままな企画に付き合って、この本の制作に尽力していただいた日本評論社の佐藤大器さんに感謝の意を表しておきたいと思います。

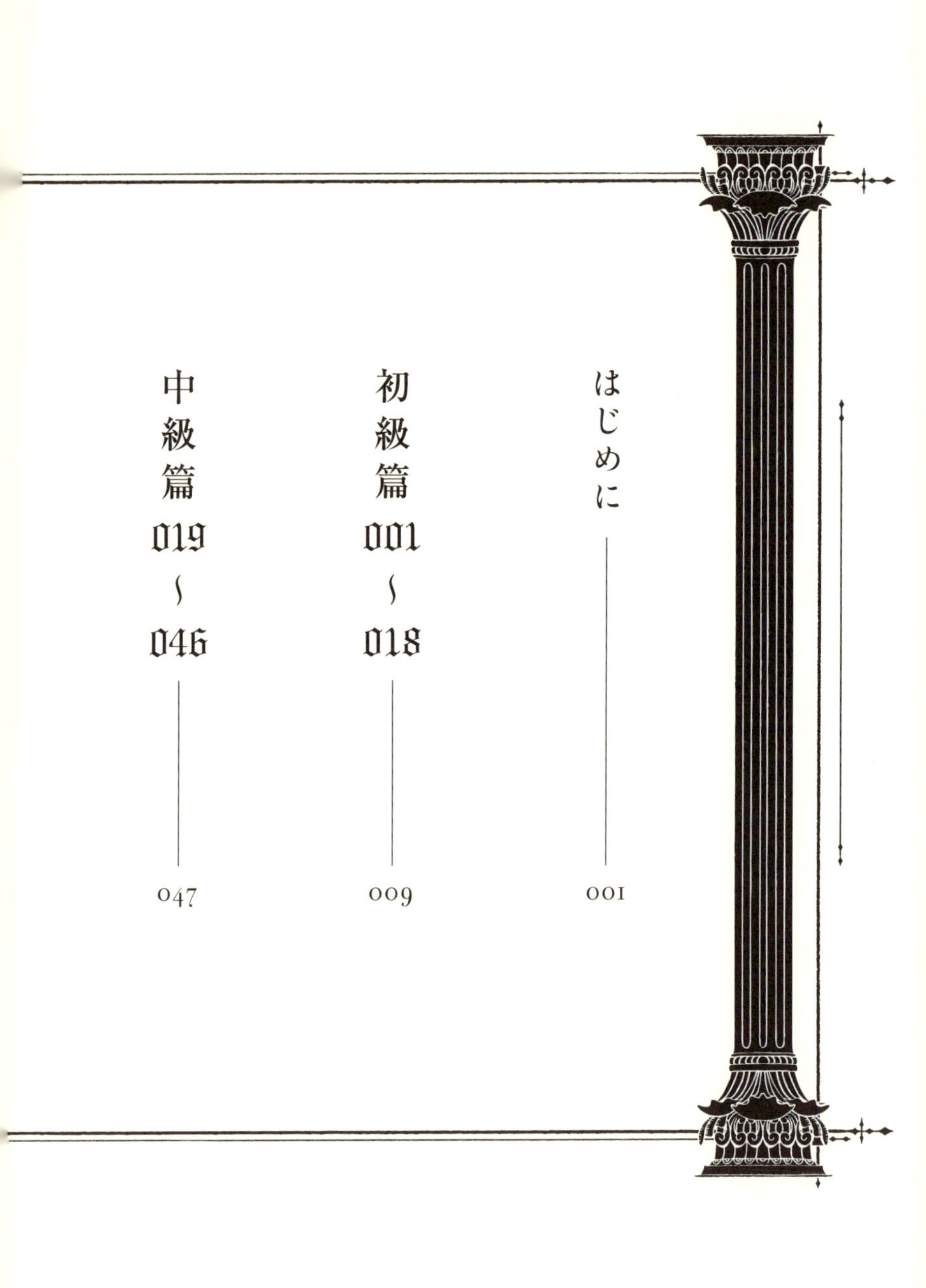
はじめに —— 001
初級篇 001〜018 —— 009
中級篇 019〜046 —— 047

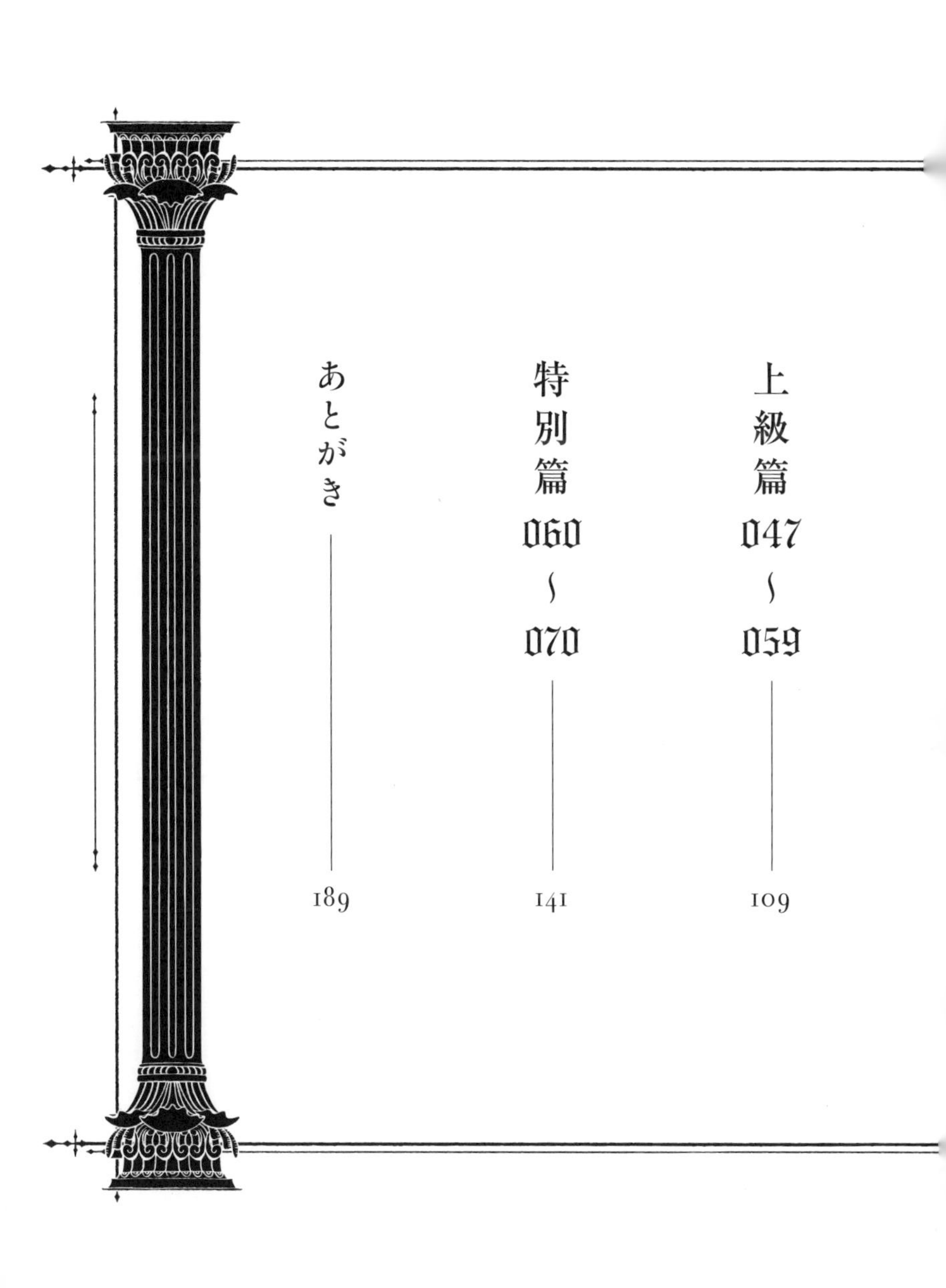

上級篇 047〜059 ―― 109
特別篇 060〜070 ―― 141
あとがき ―― 189

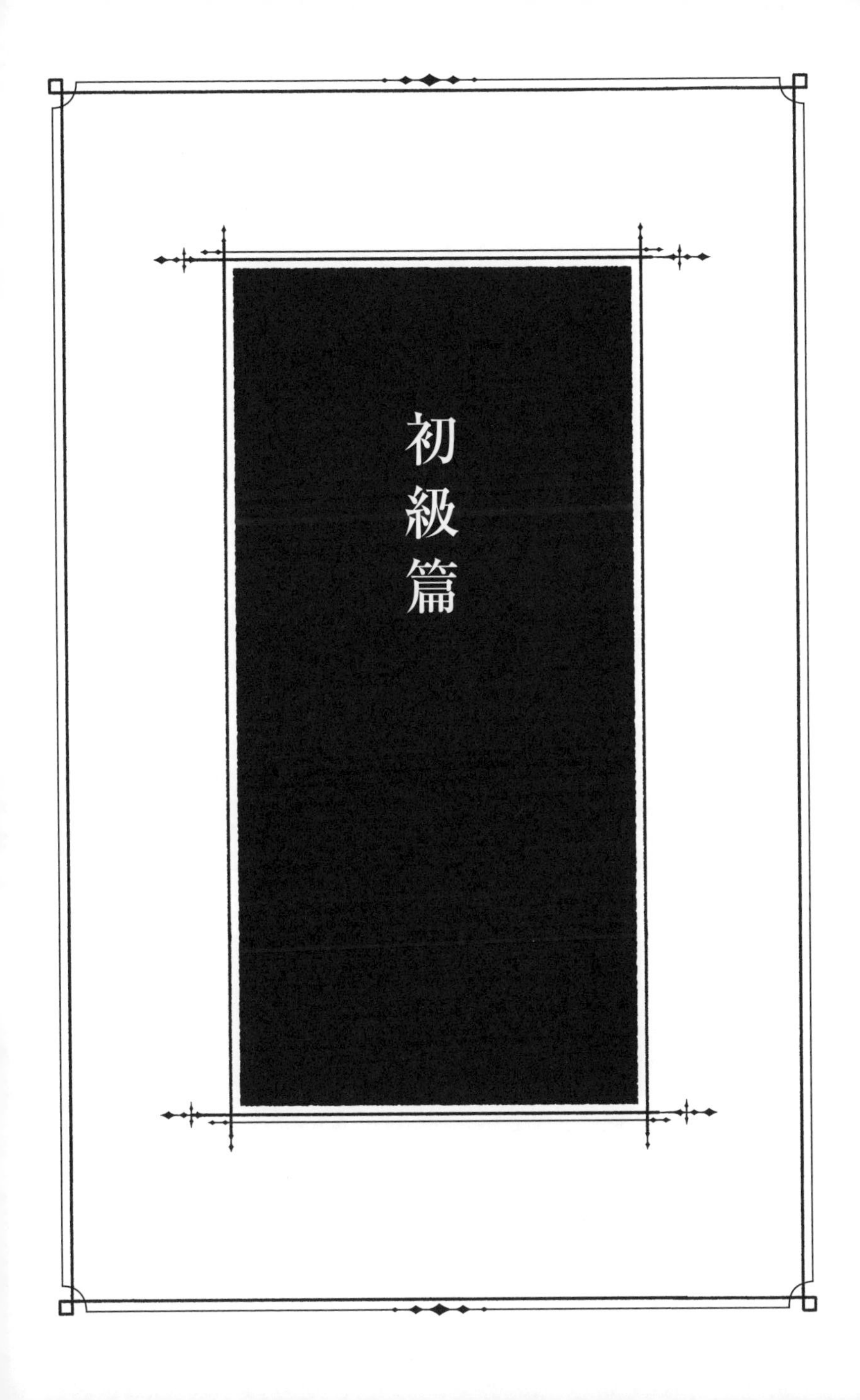

初級篇

まずは鳩の巣原理とは何なのかを体感しましょう。それぞれの扉にはいろいろなことが書かれていますが、いずれも鳩の巣原理が姿を変えたものであることに気づくでしょう。

001

☆

鳩が10羽いるのに、巣が9個しかないならば、どこかの巣には2羽の鳩が入ることになる。

これを鳩の巣原理といいます。

002

☆

サイコロを7回投げると、同じ目が2回出る。

サイコロの目は１から６までの６通りです。なので、７回の目がすべて異なるわけがありません。これも鳩の巣原理です。

003

☆

ジョーカーを除く52枚のトランプから5枚のカードを引くと、
いつでも同じマークのカードが入っている。

なぜなら、マークは♠、♡、♣、♦の4種類だからです。鳩の巣原理により、抜いた5枚のカードの中には同じマークのカードがあるはずです。

004

☆

1つのサッカーチームの選手の背番号を見ると、1の位の数字が同じ人がいる。

サッカーチームの選手は全部で11人です。一方、1の位の数字として使えるのは、0から9までの10種類です。ならば、鳩の巣原理により、背番号の1の位の数字が同じ人がいて、当然です。

005

☆

暗闇に左右の区別のない赤い靴下と青い靴下とが山積みになっている。目をつぶってその中から3つを取ると、まともな1足を手にすることができる。

色は赤と青の2色なので、鳩の巣原理により、3つの靴下の中には同じ色のものがあります。その靴下は左右の区別がないので、その同じ色の靴下は、まともな一足としてはくことができます。

006

☆

60本のミカンの木が生えている。長年の経験からどの木にも50個以下の実しかつかないことがわかっている。このとき、同じ個数の実をつけた木が2本以上ある。

ミカンの木になる実の個数は０から50までの51通りしかありません。一方、ミカンの木は60本もあるので、鳩の巣原理により、同じ個数の実をつけた木があることになります。

007

☆

9本の赤い糸の束がある。その両端にそれぞれ女性が5人、男性が5人おり、好きな糸の端を選んでつかんでいる。その男女の中には赤い糸で結ばれたカップルがいる。

男女あわせて10人だけれど、赤い糸は９本しかないので、鳩の巣原理により、同じ糸をつかんでいる２人がいる。同性どうしは同じ糸をつかんでいないので、その２人は女性と男性です。その男女が赤い糸で結ばれたカップルです。

008

☆

48人以上が集まると、出身都道府県が同じ人がいる。

なぜなら、日本の都道府県の数が47だからです。48人もいれば、鳩の巣原理により、出身都道府県が同じ人がかならずいます。

009

☆

日本人の中には、お財布に入っている金額が同じ人がいる。

日本人の人口は1億人を超えています。一方、お財布の中に一億円もの大金を入れている人はいないでしょう。つまり、お財布に入っている金額は0円から9999万9999円までの1億通り以下だけれど、日本人の数は1億よりも多いので、鳩の巣原理により、誰かと誰かのお財布に入っている金額は一致します。

☆

キリストと十二使徒の中には、お誕生月が同じ人がいる。

月は1月から12月までの12種類です。一方、キリストと十二使徒は合わせて13人。したがって、鳩の巣原理により、13人全員の誕生月がすべて異なることはありません。

011

☆☆

1つの野球チームの選手の中には、誕生日の曜日が同じ人が2組以上いる。

1つの野球チームの選手は全部で9人です。一方、誕生日の曜日は日曜日から土曜日までの7通りです。したがって、鳩の巣原理により、その選手の中には誕生日の曜日が同じ人がいることになります。そういう人たちを2組見つけるために、まず9人のうちの8人で考えてみましょう。やはり、鳩の巣原理により、その8人の中で誕生日の曜日が同じ人が2人います。これでまず1組見つかりました。その2人のうちの1人を除いた7人に残っていた9人目の人を追加して8人にして、もう一度鳩の巣原理を使えば、誕生日の曜日が同じ人がもう1組見つかります。

012

☆☆

大きな丸いテーブルのまわりに、20人の男女が等間隔に並んで座っている。男性の方が多ければ、テーブルの中心を挟んで向かい合わせの位置に座っている2人の男性がいる。

テーブルの中心を挟んで向かい合わせの位置にある椅子のペアは10組あります。男性の方が多いならば、男性は11人以上いるので、鳩の巣原理により、2人の男性がどこかの向かい合わせの椅子のペアに座っていることになります。

次のように考えても証明ができます。

どの向かい合わせの椅子のペアにも2人の男性が座っていなかったと仮定しましょう。すると、どの椅子のペアにも、男性と女性が1人ずつ座っていることになるので、男性と女性の間に一対一対応が存在します。つまり、男女は同数だということになり、男性の方が多いという条件に矛盾してしまいます。したがって、最初の仮定は正しくなく、向かい合わせの椅子に座っている男性2人がいると結論できます。

このような証明方法を「背理法」といいます。示したい命題を直接的に証明していないので、このような証明を「間接証明」といいます。一方、鳩の巣原理を使った最初の証明は「直接証明」になっています。

013

☆☆

15人に100個のビーズを残さずどのように配っても、同じ個数のビーズをもらった2人がいる。

もらったビーズの個数が少ない順に15人を並べたとしましょう。仮に、もらったビーズの個数が全員異なっているとすると、n番目の人は$n-1$個以上のビーズをもらっています。したがって、全員がもらったビーズの個数は、$0+1+2+\cdots+14$以上になります。しかし、この足し算の答えは105で、100個を越えてしまいます。したがって、ビーズの個数が全員異なっているという仮定が間違っていて、誰かと誰かがもらったビーズの個数は同じになります。

鳩の巣原理を持ち出すまでもないようですが、あえて「鳩の巣原理により」という台詞を使おうとすると、次のようにいえます。100個のビーズのそれぞれにもらった人が○をつけていくとしましょう。仮に、もらったビーズの個数が全員異なったとすると、すでに述べたように、○の総数は105個以上です。ビーズは100個しかないので、鳩の巣原理により、○が2つ以上ついたビーズがあることになり、1つのビーズを2人に配ったことになり、おかしい。したがって、誰かと誰かがもらったビーズの個数が同じになります。

014

☆☆

玉の入る穴が5つあるパチンコ台で101発の玉を打つと、どこかの穴には21個以上の玉が入いる。

一番下の穴にはたくさんの玉が入って当然ですが、そういう話ではありませんよ。もしどの穴にも玉が20個以下しか入らなかったとすると、玉の合計は20×5個以下、つまり100個以下となり、101個には足りません。だから、どこかの穴には21個以上の玉が入ったと結論できます。このような考え方を「一般化された鳩の巣原理」と呼ぶことがあります。

015

☆☆

満員の新幹線の中には、誕生日の同じ乗客が4人いる。

新幹線は16両編成で、全体の定員が１３２３人と決まっているそうです。その乗客の誕生日の候補となるのは、うるう年を考えても、366日です。しかし、どの日もそれを誕生日とする人が３人以下だったとすると、366×３＝１０９８となり、１３２３人に満たないので、一般化された鳩の巣原理により、４人の乗客の誕生日となる日があります。

016

☆☆

35問の数学の問題に、10人の生徒がチャレンジした。どの問題も、正解者は1名だけだった。一方、正解した問題の数が1問、2問、3問だった生徒はそれぞれ1人以上いた。このとき、5問以上を正解した生徒がいる。

正解した問題数が1問、2問、3問だった生徒を1人ずつ選んで、残りの7人が正解した問題だけを考えましょう。除かれた3人が正解したのは1＋2＋3の合計で6問になり、どの問題も正解者は1人だけなので、残りの7人が正解したのは29問です。したがって、一般化された鳩の巣原理により、5問以上を正解した生徒がいることになります。なぜなら、7人が4問以下にしか正解しないと、正解した問題の合計数が28以下になってしまうからです。

017

☆☆

地球上には、髪の毛の本数が同じ人がいる。

地球上には70億もの人間がいます。しかし、人間の頭に生えている髪の毛の本数は10万本程度だそうです。したがって、鳩の巣原理により、髪の毛の本数が同じ人がいることになります。

しかも、一般化された鳩の巣原理により、70,000人くらいの人の髪の毛の本数が同じになります。自分はその集団の一員になるのは嫌だと、髪の毛を1本抜いたとすると、別の集団の人たちの髪の毛の本数が同じになります。その集団の人も同じことを考えて、髪の毛を1本抜いても、また別の集団で同じことが起こる。これをずっと繰り返していくと、最終的には誰の頭にも髪の毛が残っていないことになります。つまり、地球人全員の髪の毛の本数は0本で一致することになりますね。

018

☆☆

宇宙には、同じ個数の惑星を従えた恒星系が何百万個も存在する。

宇宙には10の22乗個、すなわち、1000億個の1000億倍もの星が存在するといわれています。そのすべてが惑星を従えているわけではないでしょうが、1つの恒星系が含む惑星の個数は100個もないでしょう。つまり、惑星の個数は、0から99までの100通り程度です。しかし、宇宙に存在する恒星の個数は何百万個の100倍より遥かに大きな数です。したがって、一般化された鳩の巣原理により、同じ個数の惑星を従えた恒星系が何百万個も存在することになります。

もちろん、その恒星系が実際に何個の惑星を持っているのかまでは断定できません。ましてや、それぞれの惑星に私たちと同じような姿の宇宙人が住んでいるなどと、結論できるわけではありません。

中級篇

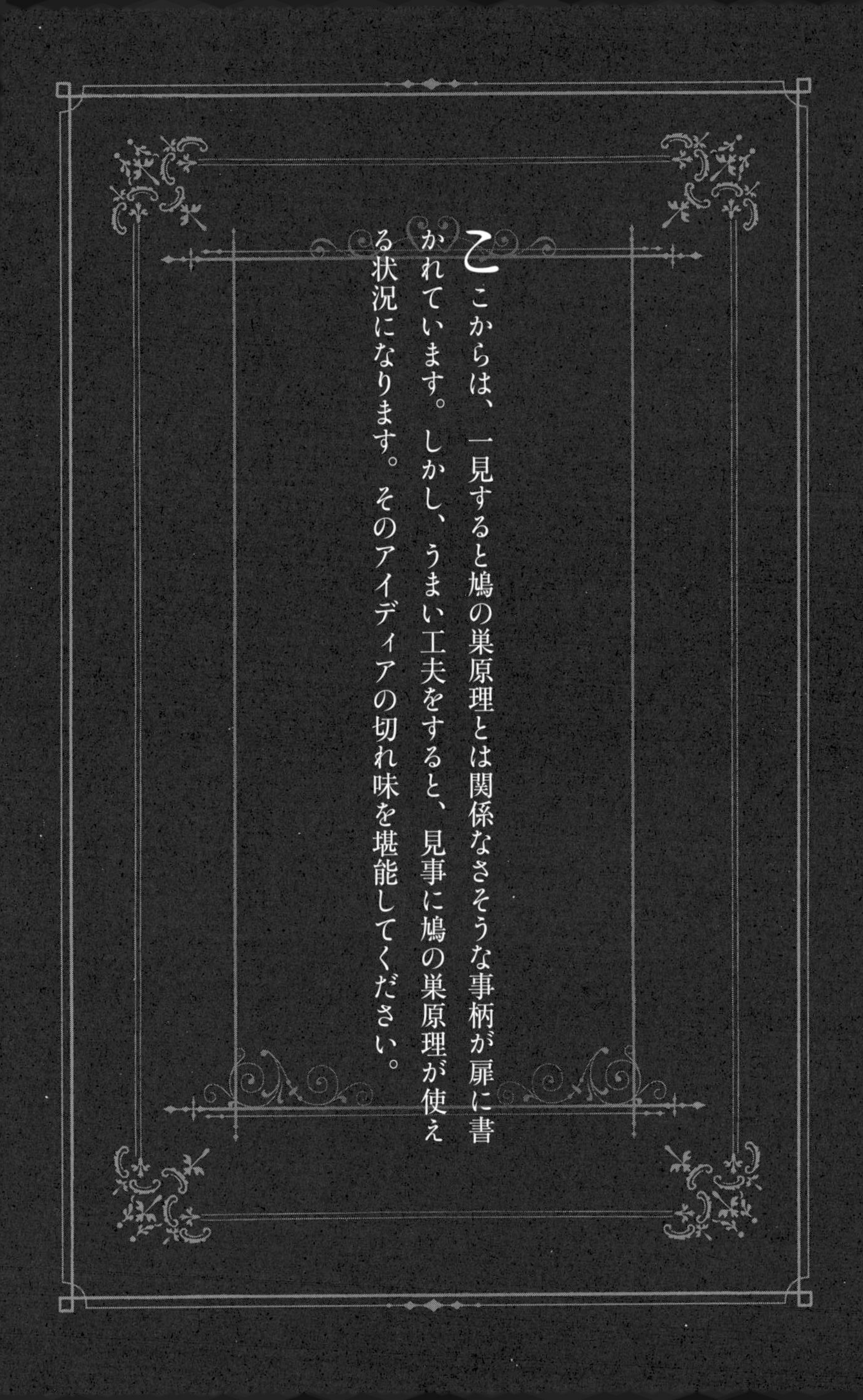

ここからは、一見すると鳩の巣原理とは関係なさそうな事柄が扉に書かれています。しかし、うまい工夫をすると、見事に鳩の巣原理が使える状況になります。そのアイディアの切れ味を堪能してください。

019

☆☆☆

3メートル×3メートルの正方形の土地に、どの木の間も1.5メートル以上離れるように、10本の木を植えることはできない。

1メートル間隔で水平、垂直な直線で土地を区切ると、9個の1メートル×1メートルの区画に分割できます。そこに10本の木を植えるとなると、鳩の巣原理により、どこかの区画に2本の木が植えられることになります。しかし、1メートル×1メートルの正方形の中で2つの木をできるだけ離したとしても、その対角線の長さ以上の距離にすることはできません。その対角線の長さは$\sqrt{2}$です。つまり、1.4142 1356… です。なので、その2つの木の間の距離は1.5メートル未満です。

020

☆☆☆

1辺の長さが70センチメートルの正方形の形をした的に向かって50発の弾丸を発射した。どの弾丸どうしの痕跡の距離も15センチメートル以上離れているなら、的から外れた弾丸がある。

１辺の長さが70センチメートルの正方形の的を水平・垂直な直線を引いて、１辺が10センチメートルの小さな正方形に分割して考えましょう。そういう小正方形は７×７＝49個です。50発の弾丸がすべて的に当たったとすると、鳩の巣原理により、どこかの小正方形に２個の弾丸が当たっていることになります。その小正方形の対角線の長さは$10\sqrt{2}$＝１４.１４２１３５６…なので、15センチメートル未満です。したがって、その２つの弾丸の距離は15センチメートル未満であることがわかりました。反対に、どの弾丸も15センチメートル以上離れているとすると、的から外れた弾丸があることになります。

021

☆☆☆

1辺の長さが1メートルの正方形の中に、ランダムに51個の点を打っても、必ず1辺の長さが20センチメートルの1つの正方形に覆われている3点がある。

１辺の長さが１メートルの正方形を20センチメートル間隔で引いた水平、垂直の直線で小さな正方形に分割して考えましょう。そういう小正方形は、１辺の長さが20センチメートルなので、全部で５×５＝25個あります。ランダムに打った点は51個なので、一般化された鳩の巣原理により、３個以上の点を含む小正方形があることになります。なぜなら、25個のどの小正方形も２個以下の点しか含まないと、全体の点の個数が50個以下になってしまうからです。

022

☆☆☆

1辺の長さが5メートルの巨大な立方体の水槽の中に1000匹の小魚が泳いでいる。どの時点でも、そこには1メートル以内に接近し合っている小魚が100組以上いる。

この巨大水槽を対角線が１メートル以下の立方体に分割することを考えましょう。電卓を用意して、計算しながら以下を読み進んでください。

三平方の定理を使うと、１辺の長さが１メートルの立方体の対角線の長さは$\sqrt{3}$メートルになります（右図）。ということは、立方体の対角線の長さが１メートルならば、その１辺の長さは$\frac{1}{\sqrt{3}}$メートルになります（左図）。それを小数で表すと、０・５７７…メートルです。

一方、５メートルを９等分すると、０・５５５…メートルで、いま考えた立方体の辺の長さよりも短くなっています。ということは、１辺が５メートルの立方体を９×９×９＝729個の小立方体に分割すれば、その小立方体の対角線は１メートルよりも短いことになります。したがって、１辺が５メートルの立方体の水槽の中に730匹の小魚が泳いでいれば、鳩の巣原理により、同じ

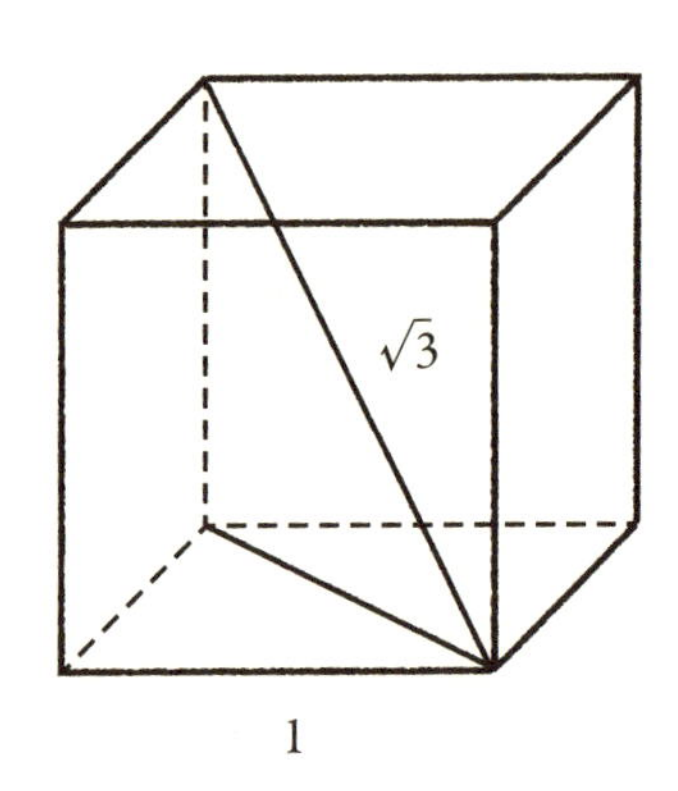

小立方体に入る2匹の小魚がいることになります。その立方体の対角線は1メートル以下なので、その2匹は1メートル以内に接近しています。

しかし、その水槽の中に1000匹の小魚が泳いでいるならば、270匹もの小魚が無視されています。その小魚も利用して、100組の小魚を見つけていきましょう。

まず、水槽の中にいる1000匹のうちの728匹の小魚だけを注目しましょう。彼らは1匹ずつ分割して作った立方体の中に分かれて入っている可能性があります。次に、残りの272匹の中から2匹を選んで追加することにします。すると、注目しているのは730匹になるので、鳩の巣原理により、同じ立方体に入っている2匹が見つかります。

さらに、その2匹を無視して、残りの270匹の中から2匹を追加して注目すると、注目しているのはやはり730匹になるので、鳩の巣原理により、同じ立方体に入っている2匹がもう1組見つかります。この2匹も無視して、残りの268匹のうちの2匹を追加して……と考えていくと、同じことを272÷2＝136回繰り返すことができ、同じ立方体に入っている2匹の小魚が136組見つかったことになります。

実際の小魚といえども点ではなく、ある程度の大きさを持っているので、136組よりも多くの組が1メートル以内に接近しているでしょう。

また、ここでは1メートル以内に接近している小魚の組を重複なく見つけ出しました。小魚を重複して数えてもよいことにした場合には、もっとたくさんの組を見つけることができます。729匹から始めて、残りの271匹から1匹ずつ追加していき、鳩の巣原理で、同じ立方体に入る2匹を見つけたら、そのうちのどちらか1匹を無視して、残りからもう1匹追加するということを繰り返せばよいわけです。これは271回繰り返すことができます。つまり、271組の小魚が1メートル以内に接近していることがわかりました。

023

☆☆☆

中心から8方向に伸びる1.5メートルの糸からなる蜘蛛の巣があり、その上に凶暴な蜘蛛がたくさんいる。そして、2匹の蜘蛛の間の距離が1メートル以内になると、どちらか一方がもう一方に食べられてしまう。最後まで生き残った蜘蛛は9匹以下である。

蜘蛛の巣を、中心から0.5メートルまでの部分と、それを取り除いて得られる長さが1メートルの8本の糸の部分に分割して考えましょう。すると、蜘蛛の巣は9個の部分に分割してされているので、もし10匹の蜘蛛がこの蜘蛛の巣の上にいたとすると、鳩の巣原理により、どこかの部分に2匹以上の蜘蛛がいることになります。それがどの部分だったとしても、そこにいる2匹の蜘蛛の間の距離は1メートル以内です。したがって、共食いが起こり、その部分にいる蜘蛛の数は1匹に減ってしまいます。なので、どの部分にも1匹以下の蜘蛛しかいないことになり、合計でも9匹以下です。実際、蜘蛛の巣の中心に1匹、8本の糸の端に1匹ずつ蜘蛛がいれば、9匹の蜘蛛が共存することができます。

024

☆☆☆

3×3に並んだ9個のマスに1、2、3をどのように記入しても、縦、横、斜めに並ぶ3マスの数の和で、同じ値になっているところがある。

まず、下のように1、2、3を3つ足して得られる値を調べてみましょう。

組合せは全部で10通りありますが、足し算の答えは3から9までの7通りしかありません。一方、3×3に並んだ9マスにおいて、縦は3列、横も3列、斜めが2列です。つまり、縦、横、斜めの3マスの並びは8つなので、鳩の巣原理により、8通りの3マスの数の和が同じになるところが必ずあります。

$$1+1+1=3,\quad 1+1+2=4,\quad 1+1+3=5,$$
$$1+2+2=5,\quad 1+2+3=6,\quad 1+3+3=7,$$
$$2+2+2=6,\quad 2+2+3=7,\quad 2+3+3=8,$$
$$3+3+3=9$$

025

☆☆☆

8×8に並んだ64マスのボードがある。そのそれぞれのマスに赤または青を塗り、ボードを色分けする。赤と青が同数でないと、どこかに同じ色が3つ連続しているところがある。その3連続は、まっすぐでもよいし、曲がっていてもよいものとする。

仮に、青の方が多かったとしましょう。マスは全部で64個なので、青で塗られたマスは半分よりも多い。つまり、33個以上あります。そこで、ボードを2×2の小ボードに分割して考えましょう。小ボードは、4×4に並んでいるので、全部で16個あります。青で塗られたマスは33個以上あり、2×16＝32よりも多いので、一般化された鳩の巣原理により、小ボードのどれかは青で塗られたマスを3個以上含みます。その3つの青マスがL字形の3連続になっています。

ちなみに、赤と青を交互に市松模様のように塗っていけば、赤と青は同数になり、どこにも同じ色の3連続はありません。

026

☆☆☆

5×5のマス目に白と黒をどのように塗っても、四隅が同じ色になっている長方形が存在する。

まず、黒と白で着色された5×5のマス目の一番上の横1行に注目しましょう。その行は5マスでできているので、そのうちの3マスは同じ色になっています。仮に、その色を黒としましょう。白の場合は、黒と白を入れ替えてください。

その3つの黒マスを含む縦3列を取り出して考えます。この3列の2行目以下で黒マスを2つ以上含む行があれば、その2つの黒マスと1行目の2つの黒マスを四隅に持つ長方形があります（下図）。なので、2行目以下のどの行にも黒マスが1つ以下しかない場合を考えれば十分です。

もし黒がない行があれば、つまり、白が3マス並ぶ行があれば、一番上以外の他の行には白マスが2つ以上あるので、四隅が白の長方形が見つかります。反対に、白マス3つの行がなければ、一番上の行以外は、白マス2個、黒マス1個になっています。そのパターンは、黒がどこにあるかで、3通りしかありません。しかし、行は4つあるので、鳩の巣原理により、同じパターンの行が2つあることになります。そして、その行の白マスを使った四隅が白の長方形が見つかります。

027

☆☆☆

10×10に並んだ100マスのそれぞれに、1から100までの自然数をランダムに選んで1つ記入する。どのマスに記入した数も、その上下左右のマスにある数との差が5以下になっているならば、同じ数が2か所に記入されている。

10×10に並んだ100マスに記入された数の中で一番小さい数が記入されているマスから一番大きい数が記入されているマスまで移動することを考えましょう。まず、横方向のずれをなくすように右か左にまっすぐ進み、次に縦方向のずれをなくすように上か下に進みます。横の列も縦の列も10マスしかないので、横方向の移動も続く縦方向の移動も9マス以内です。つまり、18マス以内の移動で最小値のマスから最大値のマスまで行けることになります。そして、隣どうしのマスの中に記入されている数の差は5以下なので、1マス進むたびに、数が増加したとしても5以内です。ということは、スタートとゴールのマスに記入されている数の差は18×5＝90以下です。これはマスに記入した数が最小値から最大値までの91通りしかないことを意味しています。マスは100もあるのに、数が91通りしかないので、鳩の巣原理により、同じ数が2つ以上のマスに記入されていることになります。

028

☆☆☆

将棋盤に、互いに取られないように、王将25個を配置することはできるが、26個ではできない。

将棋盤には9×9に81マスが並んでいます。王将は、縦、横、斜めに1マス分だけ移動して、そこにいる駒を取ることができます。つまり、王将の勢力範囲は、それがいるマスを中心とする3×3マスの正方形領域です。そこで、2マス分の間隔で垂直な直線と水平な直線を引いて、将棋盤を小領域に分割して考えましょう。その小領域の大半は2×2の正方形ですが、右端に2×1の小領域が縦に並び、下端には1×2の小領域が横に並んで、右下隅に1マスの小領域が1つあります。小領域は全部で25個です。

その各小領域に1つずつ王将を置いて、互いに取られないようにすることは、簡単にできます。しかし、26個の王将をどのように配置しても、鳩の巣原理により、25個の小領域のうちのどれかに2つ以上の王将が入ってしまいます。その小領域の形が何であれ、そこに入っている2つの王将は互いに相手を取れる位置に置かれています。したがって、26個の王将を目的どおりには配置できません。

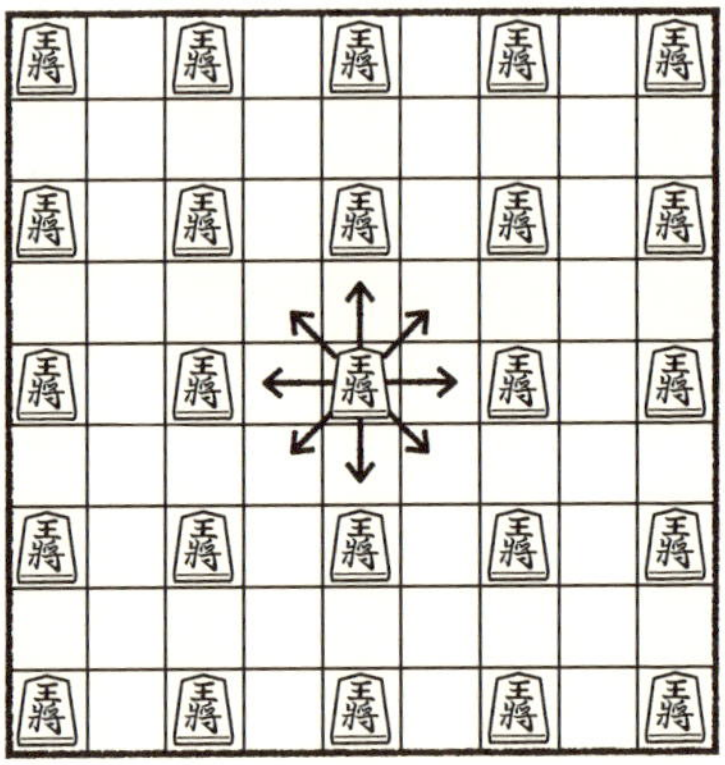

029

☆☆☆

J1リーグの18チームがリーグ戦（＝総当たり戦）をする。リーグ戦の開始から終了までのどの時点でも、それまでに行った試合の数が同じチームがある。

自チーム以外のすべてのチームと対戦したとしても、17チームとしか対戦できないので、どの時点でも1つのチームがそれまでに行った試合の数は、0から17までです。もしすでに17チームと対戦したチームがあったとすると、どのチームもそのチームと対戦しているので、それまでに行った試合数が0のチームはないことになります。つまり、この場合は、どのチームもそれまでに行った試合数は1から17までの17通りです。しかし、チーム数は18だから、鳩の巣原理により、それまでに行った試合の数が同じチームがあることになります。

反対に、それまでに17チームと対戦したチームがなければ、どのチームも行った試合数は0から16までの17通りです。チーム数は変わらず18チームだから、やはり鳩の巣原理により、それまでに行った試合数が同じチームがあることになります。

030

☆☆☆

参加チーム全体で総当たり戦を行なう。引き分けはなく、どの試合の勝者もその敗者より上位になるように、チーム全体に順位を付けることができたならば、自分以外のすべてのチームに負けたチームがある。

どのチームも少なくとも1つのチームには勝っていると仮定しましょう。そこで、あるチームから始めて、そのチームに負けたチームの1つを選び、さらにその負けチームに負けたチームを選び、さらにその負けチームに負けたチームをというように、次々と負けチームを選んで並べたとしましょう。総当たり戦の参加チーム数を越えてこれを繰り返すと、鳩の巣原理により、その負けチームの列の中に同じチームが2回現れることになります。つまり、負けチーム、負けチームとたどっていくと、サイクルができてしまいます。そのサイクルに沿って並ぶチームに対して、勝敗と矛盾しないように順位を付けることはできません。したがって、背理法により、どのチームにも勝たなかったチームがあることになります。

031

☆☆☆

誰もが定期的に1人の決まった人に自分の所持金の一部を渡さなければいけないとする。もしそれができなければ、その人は消えていく。十分に時間が経過すると、お金持ちが作るいくつかの輪の中でお金が回り続けるだけで、その他の人はいなくなる。

誰からもお金をもらわない人は、いずれ所持金のすべてを決まった人に渡して所持金がなくなるので、消えていくことになります。お金自体はなくならないので、十分に時間が経過したときに、誰もいなくなることはありません。また、一人きりになることもありません。なぜなら、少なくともその人がお金を渡す人が残っているからです。この状態では、どの人も、誰かからお金をもらい、誰かにお金を渡しています。

そこで、勝手に選んだAさんから始めて、Aさんにお金を渡す人、その人にお金を渡す人、というように次々にたどっていって、人の列を作りましょう。その列はいくらでも長くしていけますが、残っている人数は有限の決まった数なので、鳩の巣原理により、その列の長さが残っている人数を越えた時点で、同じ人が2回以上現れることになります。その人をXさんとすると、Xさんから始まってXさんに終わる輪が見つかりました。しかし、XさんがAさんでなければ、Xさんは最初に作った列の中で1つ前の人と、輪の中の人にお金を渡すことになり、お金を渡すのは決まった1人であることに反します。したがって、XさんはAさんと同じ人です。

これで最初に勝手に選んだAさんを含む輪が見つかりました。この輪の中でお金が回り、外に出ていくことはありません。

032

☆☆☆

どんな人が集まっても、その中の知り合いの人数が等しい2人がいる。

ここでは「知り合い」とは相手のことを互いに知っている関係だとしましょう。仮に10人の人がが集まっているとしましょう。自分も含めた知り合いの数は1から10までの10通りが考えられます。人の数も10なので、このままでは鳩の巣原理が使えません。しかし、誰かの知り合いの数が10だったとすると、その人はそこにいるすべての人と知り合いだということです。ということは、どの他の人も、自分とその人を知り合いとして数えることになるので、知り合いの数は2以上です。つまり、誰の知り合いの数も2から10までの数なので、鳩の巣原理により、誰かと誰かの知り合いの数が一致します。反対に知り合いの数が10の人がいなければ、誰の知り合いの数も1から9までの数なので、やはり鳩の巣原理により同様のことがいえます。

この議論で10人という具体的な数は本質的ではありません。何人の場合でも同じ議論が成立します。したがって、知り合いの数が一致する人がいつでもいることになります。

033

☆☆☆

100人の人がいる。その中に、そこにいる自分以外の50人以上の人と知り合いだという人が2人いると、その2人は知り合いか、さもなければ、2人以上の共通の知り合いがいる。

自分以外の50人以上の人と知り合いだという2人を、AさんとBさんとしましょう。そして、この2人はお互いに知り合いではないとします。そこで、この2人を除いた98人の名簿をAさんとBさんに順に渡して、知り合いに◯をつけてもらったとします。すると、AさんもBさんもそれぞれ50人以上と知り合いなので、名簿につけられた◯の数は合わせて100個以上です。しかし、名簿には98人しかいないので、鳩の巣原理により、名簿の中の誰かには◯が2つつくことになります。もちろん、その2つの◯はAさんとBさんがつけたものなので、その◯が2つついている人はAさんとBさんの共通の知り合いです。その人を除いた97人の名簿には98個以上の◯がついています。再び鳩の巣原理により、◯が2ついている人がいます。これでAさんとBさんの2人目の共通の知り合いが見つかりました。

ちなみに、その共通の知り合い2人を除いた96人の名簿には96個の◯しかついていないかもしれないので、AさんとBさんの3人目の共通の知り合いがいるかどうかはわかりません。

034

☆☆☆

6人以上の人が集まると、互いに知り合いの3人か、見ず知らずの3人がいる。

ちょうど6人の人が集まっているとしましょう。その中の一人をAさんとして、残りの5人をAさんの知り合いと、知り合いでない人の2グループに分けて考えましょう。少々大袈裟ですが、一般化された鳩の巣原理により、どちらかのグループには3人以上が含まれます。そうでないとすると、どちらのグループも2人以下になるので、2つのグループを併せても5人にならないからです。仮に、知り合いのグループに3人以上の人が入っているとしましょう。その中の2人が知り合いならば、その2人とAさんが互いに知り合いの3人になります。そうでないとすると、そのグループの全員がお互いに知り合いではないので、その中に見ず知らずの3人がいることになります。

反対に、Aさんと知り合いでない人のグループが3人以上を含む場合は、「知り合い・知り合いでない」の関係を逆にして右の場合と同じように考えれば、同じ結論を得ることができます。

035

☆☆☆

回転する円卓に招待客15人分の名札が等間隔に置かれている。しかし、招待客は名札を見ずに着席してしまい、誰も名札どおりに着席しなかった。このとき、名札を乗せたまま円卓を回転させて、2人以上の招待客が名札どおりに着席しているようにできる。

各招待客が着席した席から時計回りにその人の名札が置かれている席まで数えた数を考えましょう。誰も名札どおりに着席していないので、その数は1から14までの数になっています。しかし、招待客は、15人いるので、鳩の巣原理により、数えた数が同じ人が2人以上いることになります。その数の分だけ円卓を反時計回りに回せば、その2人以上の人の前にそれぞれの人の名札がやってきます。

036

☆☆☆

あるドーナツ店では、3種類のドーナツを売っている。ある日、20人の客がやってきた。どの客も買ったドーナツは3個以下である。その20人の中には、同じ注文をした2人がいる。

ドーナツをA、B、Cとしましょう。3個以下のドーナツの注文の仕方を列挙すると、次のようになります。

1個の場合　A　B　C
2個の場合　AA　BB　CC　AB　AC　BC
3個の場合　AAA　BBB　CCC　AAB　AAC　ABB　ACC　BBC　BCC　ABC

全部で19通りですが、ドーナツを買ったお客さんは20人なので、鳩の巣原理により、同じ注文をした2人がいることになります。

037

☆☆☆

11名の人を対象に、5項目のアンケートを行う。各項目には、◯か×かで回答してもらうと、一方の人が◯と回答した項目には、もう一方の人も◯と回答しているという2人がいる。

1番から5番までのアンケート項目があるとします。まず、その回答のパターン（○と×の付き方）を列挙してみましょう。それは全部で2^5＝32通りで、1番が×か○か、2番が×か○かと考えていけば、左の表のようになることがわかるでしょう。もしあなたが二進法の数え方を知っていれば、回答パターンの並び方がそれと似ていることに気づくはず

5	4	3	2	1	
×	×	×	×	×	1
×	×	×	×	○	1
×	×	×	○	×	2
×	×	×	○	○	1
×	×	○	×	×	3
×	×	○	×	○	3
×	×	○	○	×	2
×	×	○	○	○	1
×	○	×	×	×	4
×	○	×	×	○	4
×	○	×	○	×	5
×	○	×	○	○	4
×	○	○	×	×	6
×	○	○	×	○	3
×	○	○	○	×	2
×	○	○	○	○	1
○	×	×	×	×	7
○	×	×	×	○	7
○	×	×	○	×	8
○	×	×	○	○	7
○	×	○	×	×	9
○	×	○	×	○	9
○	×	○	○	×	8
○	×	○	○	○	7
○	○	×	×	×	10
○	○	×	×	○	10
○	○	×	○	×	5
○	○	×	○	○	4
○	○	○	×	×	6
○	○	○	×	○	3
○	○	○	○	×	2
○	○	○	○	○	1

です。では、その右端に並ぶ数字は何でしょうか？

実は、右端に並ぶ数字は、次のような手順で付けられたものです。まず、すべてが×の回答パターンを1とします。そこから始めて下に見ていき、◯が1つずつ増えていく回答パターンを拾って、それも1にしていきます。そして、一番下のすべてが◯の回答パターンまで来たら、上に戻って、2番にだけ◯のある回答パターンから始めて、◯が1つずつ増えていく回答パターンを2にしていきます。一番下まで到達したら、上に戻って、同様のことを繰り返します。つまり、上から見ていって、まだ番号の付いていない回答パターンを探し、それに新しい番号をつけて、その回答パターンから◯が1つずつ増えていく回答パターンを拾って同じ番号にしていきます。

この手順に従って、番号を付けていくと、1から10までの番号のいずれかがそれぞれの回答パターンに付けられることになります。そして、同じ番号が付けられている回答パターンを2つ選ぶと、一方がもう一方を含むようになっていることがわかるでしょう。なぜなら、表の上にある方に◯を追加していくことで、下にある方になるからです。

この関係をわかりやすく見るために、回答パターンに付けた番号に従って並べ替えてみると、次の表になります。

	1	2	3	4	5
1	×	×	×	×	×
1	○	×	×	×	×
1	○	○	×	×	×
1	○	○	○	×	×
1	○	○	○	○	×
1	○	○	○	○	○
2	×	○	×	×	×
2	×	○	○	×	×
2	×	○	○	○	×
2	×	○	○	○	○
3	×	×	○	×	×
3	○	×	○	×	×
3	○	×	○	○	×
3	○	×	○	○	○
4	×	×	×	○	×
4	○	×	×	○	×
4	○	○	×	○	×
4	○	○	×	○	○
5	×	○	×	○	×
5	×	○	×	○	○
6	×	×	○	○	×
6	×	×	○	○	○
7	×	×	×	×	○
7	○	×	×	×	○
7	○	○	×	×	○
7	○	○	○	×	○
8	×	○	×	×	○
8	×	○	○	×	○
9	×	×	○	×	○
9	○	×	○	×	○
10	×	×	×	○	○
10	○	×	×	○	○

さて、アンケートに回答した人は11人で、回答パターンに付けられた番号が10までなので、鳩の巣原理により、回答パターンの番号が同じ人がいることになります。つまり、その人たちの回答パターンは一致しているか、一方が他方を含みます。したがって、一方の人が○を付けた項目にはもう一方の人も○を付けていることになります。

038

☆☆☆

半径1の円周上に7個の点をどのように配置しても、その間の距離が1よりも小さくなる2つの点がある。

半径1の円周を6等分して考えましょう。つまり、一辺の長さが1の正六角形を作る6個の点でその円周を6つの弧に分割します。そこに7個の点を配置すると、鳩の巣原理により、1つの弧に含まれる2つの点があるはずです。その2点間の距離はその孤の両端点の距離より小さいので、1未満になります。

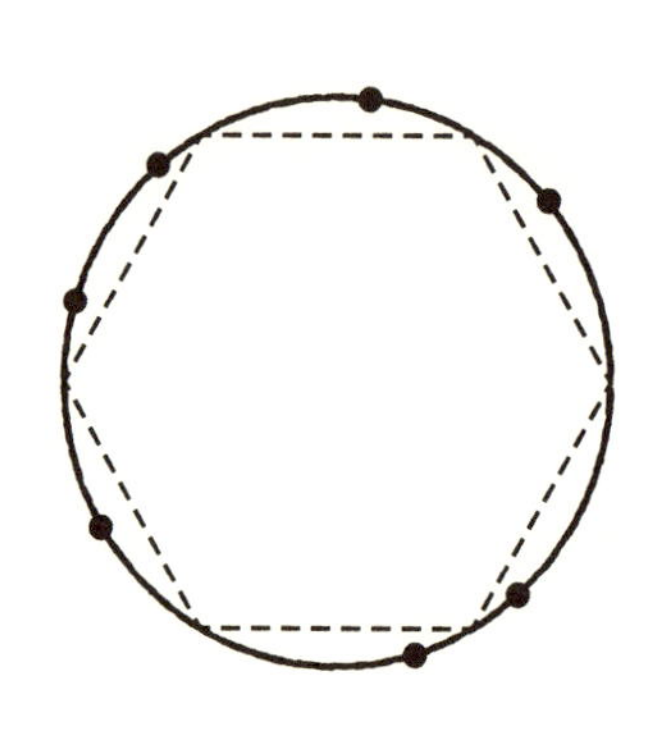

039

☆☆☆

1辺の長さが10センチメートルの正三角形の内部に5個の点をどのように配置しても、その間の距離が5センチメートルよりも小さい2つの点がある。

正三角形の3辺の中点を結ぶ3本の線分を引くと、辺の長さが半分の4つの正三角形に分割されます。そこに5個の点を配置すると、鳩の巣原理により、2個の点が4つの正三角形のうちの1つに入ることになります（右図）。その正三角形の辺の長さは10センチメートルの半分の5センチメートルなので、その2点の間の距離は5センチメートル未満になります。

ここで、点が正三角形の内部に配置されていることに注意しましょう。つまり、正三角形の境界線上に点が配置されていると、距離が5センチメートル未満の2点は見つかるとは言えません。実際、大きい正三角形の頂点と辺の中点に点を配置してもよいことにすれば、距離が5センチメートル以上になるように6点まで配置できます（左図）。

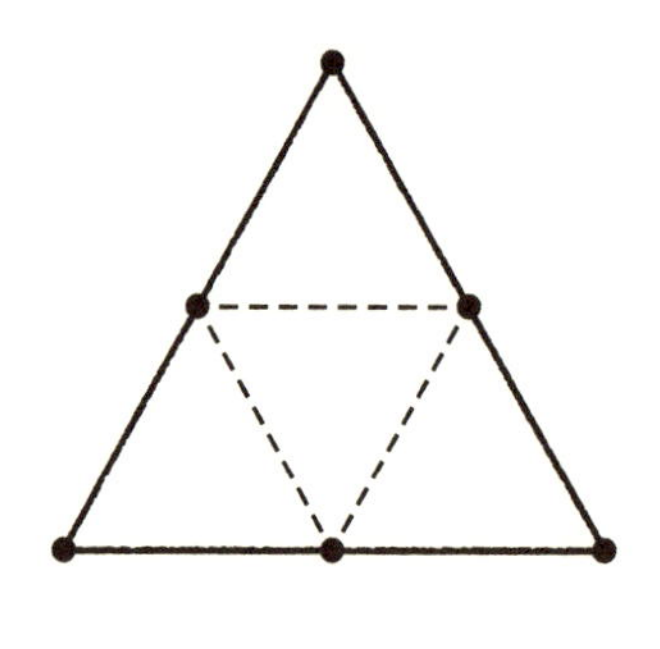

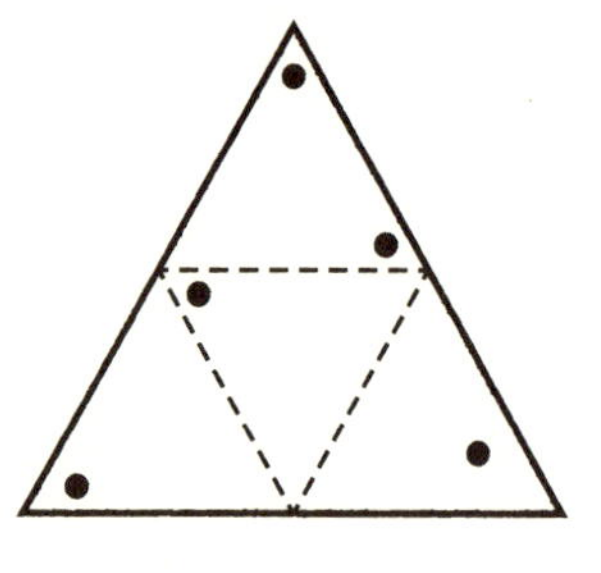

040

☆☆☆

1つの正三角形を、それよりも小さな正三角形2つで、覆い隠すことはできない。

仮に、小さな正三角形２つで大きな正三角形を覆い隠すことができたと仮定しましょう。その２つの小さな正三角形が覆っている領域を一方の三角形が覆っている部分と、それ以外の部分に分けて考えましょう。つまり、２つの小さな正三角形が覆っている領域を２つに分割したわけです。大きな正三角形の３つの頂点のそれぞれはこの２つの領域のどちらかに入っています。したがって、鳩の巣原理により、大きな正三角形の３つの頂点のうちの２つが１つの領域に入っています。その領域がどちらだとしても、その２つの頂点は１つの小さな正三角形の中に含まれます。ということは、その２つの頂点の距離は小さな正三角形の１辺の長さ以下になっています。もちろん、その長さは大きな正三角形の１辺の長さよりも短いので、これはおかしい。したがって、背理法により、最初の仮定が否定されて、小さな正三角形２つで大きな正三角形を覆い隠すことはできないことがわかります。

041

☆☆☆

x座標とy座標がともに整数である平面上の点を格子点と呼ぶ。5個の格子点をどのように選んでも、そのすべての組合せを線分で結ぶと、その線分の中には、結んだ2点以外にも格子点を通るものがある。

5個の点の座標は整数なので、それは偶数か奇数です。x座標とy座標それぞれについて偶数か奇数かを組にすると、偶・偶、偶・奇、奇・偶、奇・奇の4通りですが、選んだ点は5個なので、鳩の巣原理により、座標において偶数か奇数かが一致する2点があります。偶数と偶数の差も奇数と奇数の差も偶数なので、その2つの点の座標の差は、x座標もy座標も偶数になります。ということは、2つの座標の差が2で割り切れるので、2つの点の中点の座標が整数になります。つまり、その2点を結ぶ線分の中点は格子点になっています。

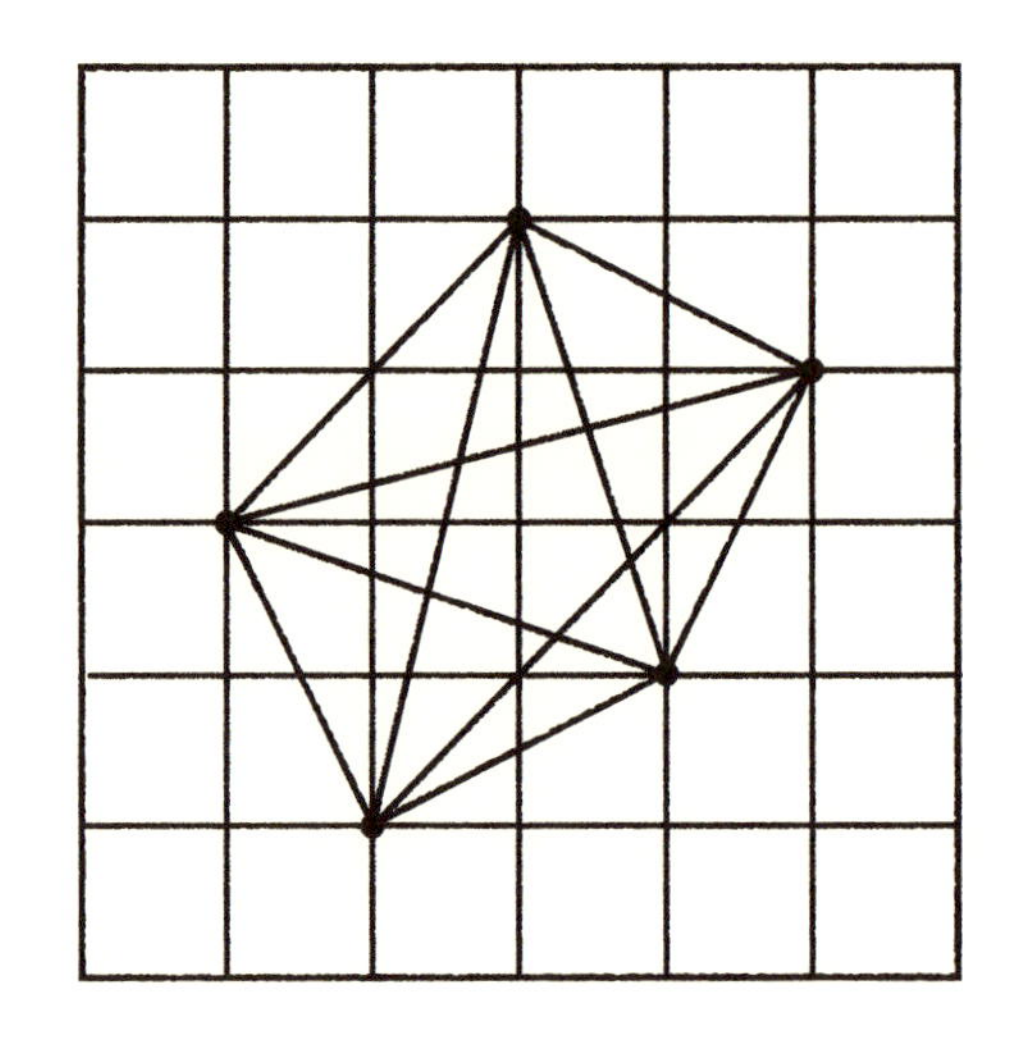

042

☆☆☆

1から10までの整数から異なる6個をどのように選んでも、その和が11になる2つの数を含んでいる。

それぞれ「1と10」、「2と9」、「3と8」、「4と7」、「5と6」と書かれた5個の箱を用意して、選んだ6個の整数をそれが書かれた箱の中に入れたとします。整数は6個で箱は5個なので、鳩の巣原理により、同じ箱に入れられた2つの整数があることになります。異なる6個の整数を選んでいるので、この2つも異なる整数です。ということは、その2つの整数は箱に書かれている2つの数と一致します。そして、足すと11になります。

043

☆☆☆

1から10までの整数の中から異なる6個の数をどのように選んでも、差が1になる2つの数を含んでいる。

それぞれ「1と2」、「3と4」、「5と6」、「7と8」、「9と10」と書かれた5個の箱を用意して、選んだ6個の整数をそれが書かれた箱の中に入れたとします。整数は6個で箱は5個なので、鳩の巣原理により、同じ箱に入れられた2つの整数があることになります。異なる6個の整数を選んでいるので、この2つも異なる整数です。ということは、その2つの整数は箱に書かれている2つの数と一致します。そして、その差は1になります。

044

☆☆☆

どんな正の整数を7個選んでも、その中には和か差が10の倍数になる2つの数がある。

それぞれ「0」、「1と9」、「2と8」、「3と7」、「4と6」、「5」と書かれた6個の箱を用意して、選んだ7個の整数をその1の位の数が書かれた箱の中に入れたとします。整数は7個で箱は6個なので、鳩の巣原理により、同じ箱に入れられた2つの整数があることになります。その2つの整数の1の位の数が同じならば、その差の1の位は0になるので、10の倍数になっています。反対に、1の位の数が同じでなければ、その数は箱に書かれている2つの数と一致します。その数を足すと10になるので、この場合には2つの整数の和が10の倍数になります。

045

☆☆☆

1から9までの整数の中から異なる5つの数を選び、その中の2つの数の差をすべて書き出すと、その中には同じ値のペアが2組以上ある。

5つの数から2つを選んで作ることのできるペアは、全部で10通りです。それは5つの数を線で結んでペアを数えてみればわかるでしょう。一方、1から9までの2つの整数の差として作ることのできる値は、1から8までの8通りです。まず、2つの数を選んで作った10個のペアのうち、最後の1つを除いた9個のペアを考えましょう。ペアを作る2つの数の差はそれぞれ1から8までの数なので、鳩の巣原理により、その9個のペアの差を書き出すと同じ数が2回現れます。これで差が同じ値のペアが1組見つかりました。次に、その2つのペアの一方を無視して、最初に除いておいた10番目のペアを追加して同じことを考えると、やはり鳩の巣原理により、差が同じ値になるペアがもう1組見つかります。

046

☆☆☆

10個の正の整数をどのように選んでも、その中には差が9で割り切れる2つの数が含まれている。

整数を9で割ったときの余りは、0から8までの9通りしかありません。選んだ整数は10個なので、鳩の巣原理により、9で割ったときの余りが同じ2つの整数が含まれていることになります。その2つの整数の差は9で割り切れます。

参考までに、与えられた正の整数が9で割り切れるかどうかは、次のようにして判定できます。たとえば、2345なら、それぞれの桁を足して、2＋3＋4＋5を計算します。その答えが1桁の数になっていなければ、同じことを繰り返します。この例では足し算の答えは14なので、1＋4を計算します。その答えは5で、1桁になりました。この値がはじめに与えられた整数を9で割ったときの余りと一致します。したがって、桁の数を足すことを繰り返して最後に9になれば、与えられた整数は9で割り切れることになります。この方法は「九去法」と呼ばれています。

上級篇

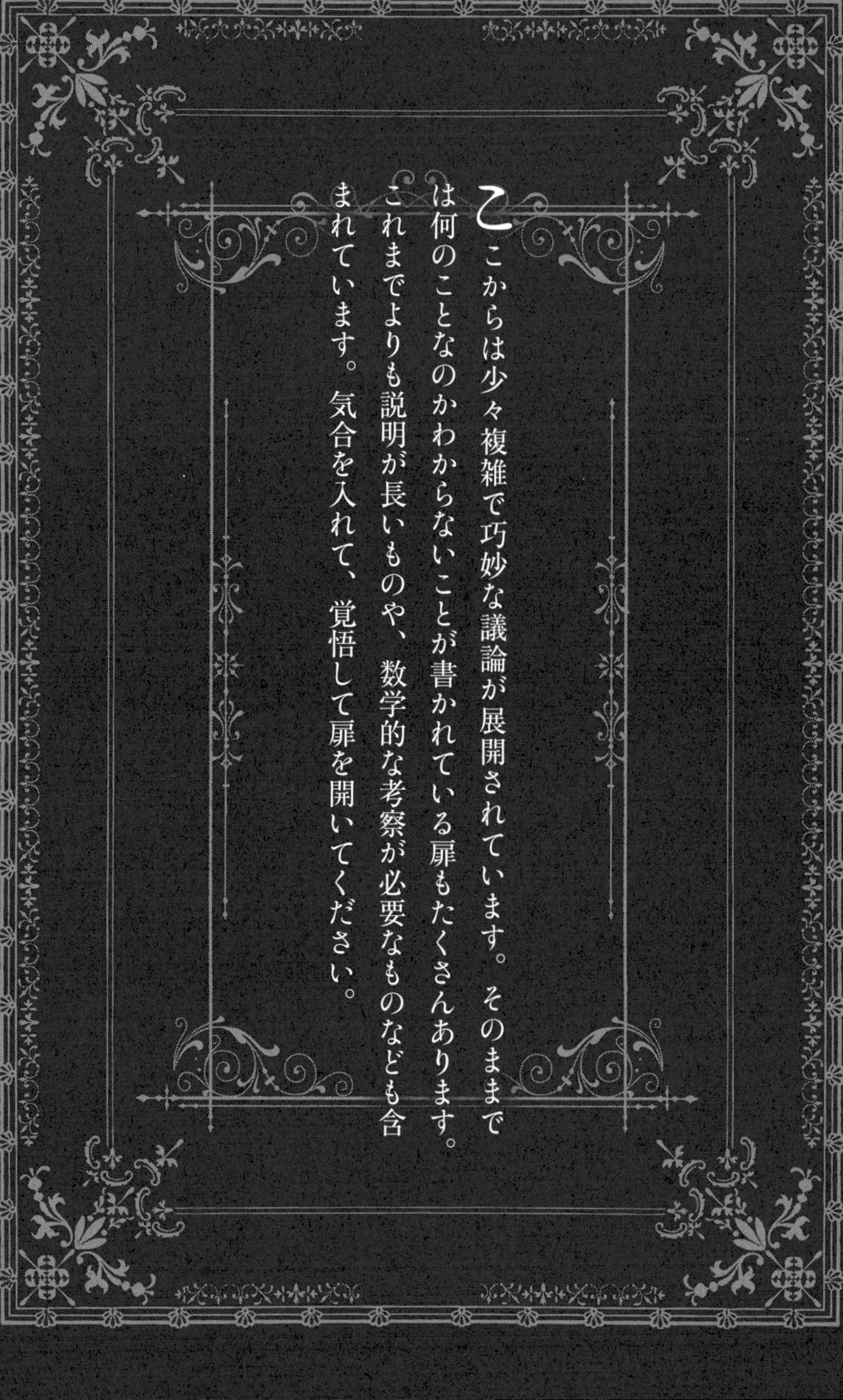

ここからは少々複雑で巧妙な議論が展開されています。そのままでは何のことなのかわからないことが書かれている扉もたくさんあります。これまでよりも説明が長いものや、数学的な考察が必要なものなども含まれています。気合を入れて、覚悟して扉を開いてください。

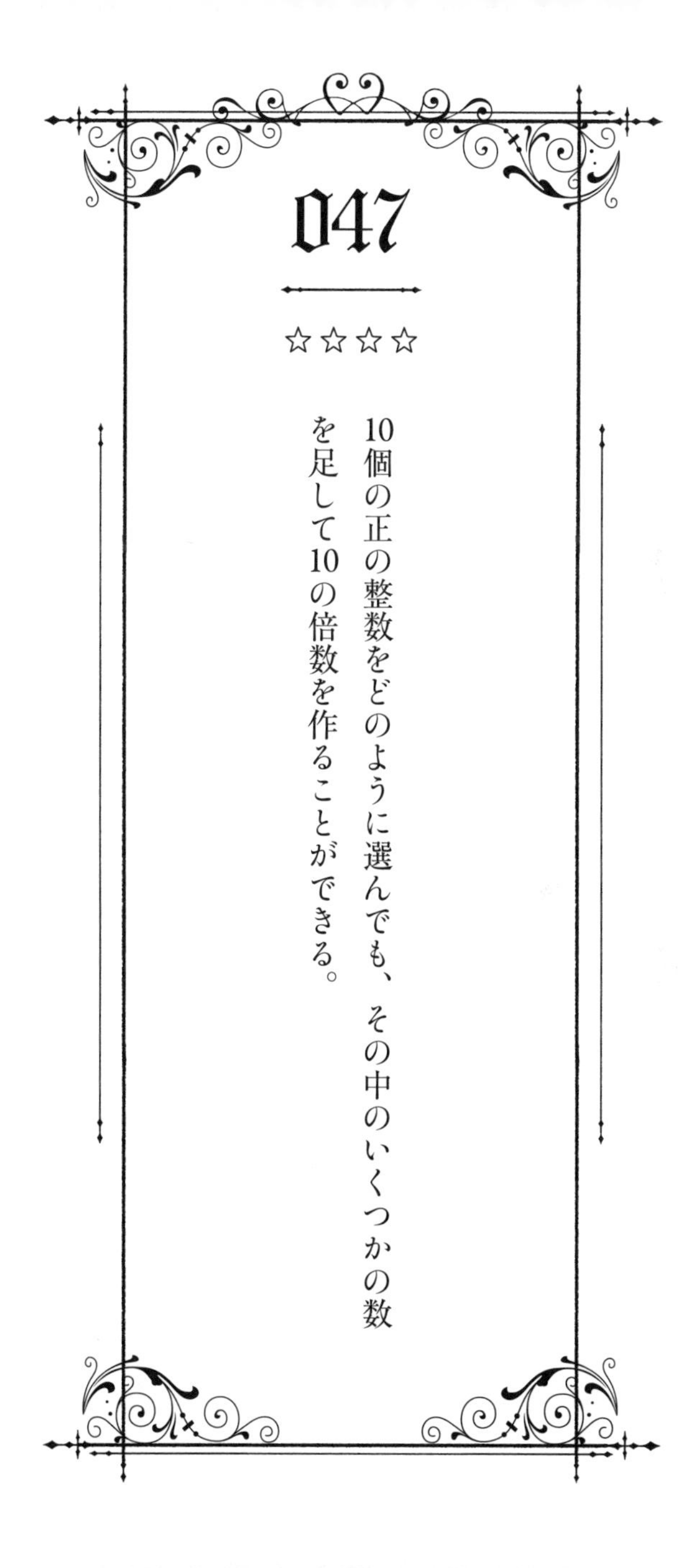

047

☆☆☆☆

10個の正の整数をどのように選んでも、その中のいくつかの数を足して10の倍数を作ることができる。

仮に、選んだ10個の正の整数を1、2、3、4、5、6、7、8、9、10だったとしましょう。この具体的な数に注目してしまえば、2＋3＋5＝10や2＋8＝10や10を使って、たくさん10の倍数を作ることができますが、次のように考えていきます。

まず、下のように、0から始めて、その10個の数を1つずつ順番に足して作ることのできる11個の数を考えましょう。

1の位になる数は0から9までの10通りですが、ここには11個の数が並んでいるので、鳩の巣原理により、その中には1の位が同じ数が含まれているはずです。その数の差の1の位は0になるので、その値は10の倍数です。そして、それは大きい数を与える足し算の式から小さい数を与える部分を取り除いた式の値になっています。たとえば、下の例だと、55と15を考えれば、6＋7＋8＋9＋10＝40となり、10の倍数になります。

どんな場合でもこの考え方が成り立つのは、明らかでしょう。

$$0,\quad 1,\quad 1+2=3,\quad 1+2+3=6,\quad 1+2+3+4=10,$$
$$1+2+3+4+5=15,\quad 1+2+3+4+5+6=21,$$
$$1+2+3+4+5+6+7=28,$$
$$1+2+3+4+5+6+7+8=36,$$
$$1+2+3+4+5+6+7+8+9=45,$$
$$1+2+3+4+5+6+7+8+9+10=55$$

048

☆☆☆☆

20以下の正の整数からどのように11個を選んでも、その中には一方がもう一方を割り切るような2つの数が含まれている。

下のように、1から20までの整数を10個のグループに分けてみましょう。

このグループは、1から始めて2倍、2倍を繰り返し、20を越える直前で1グループ、そのグループに入らない一番小さな数3から始めて2倍、2倍を繰り返し、20を越える直前で次のグループということを繰り返して作りました。最後の5グループはそこに属している数を2倍すると20を越えてしまうので、単独でグループを作っています。

20以下の正の整数を11個選んだとすると、グループは10個しかないので、鳩の巣原理により、同じグループに属す2つの数があることになります。このグループの作り方から、2つの数の大きい方は小さい方から2倍、2倍を繰り返して得られることになります。つまり、大きい方は小さい方の倍数であり、小さい方で割り切れます。

$$\{1,2,4,8,16\},\quad \{3,6,12\},\quad \{5,10,20\},$$
$$\{7,14\},\quad \{9,18\},$$
$$\{11\},\quad \{13\},\quad \{15\},\quad \{17\},\quad \{19\}$$

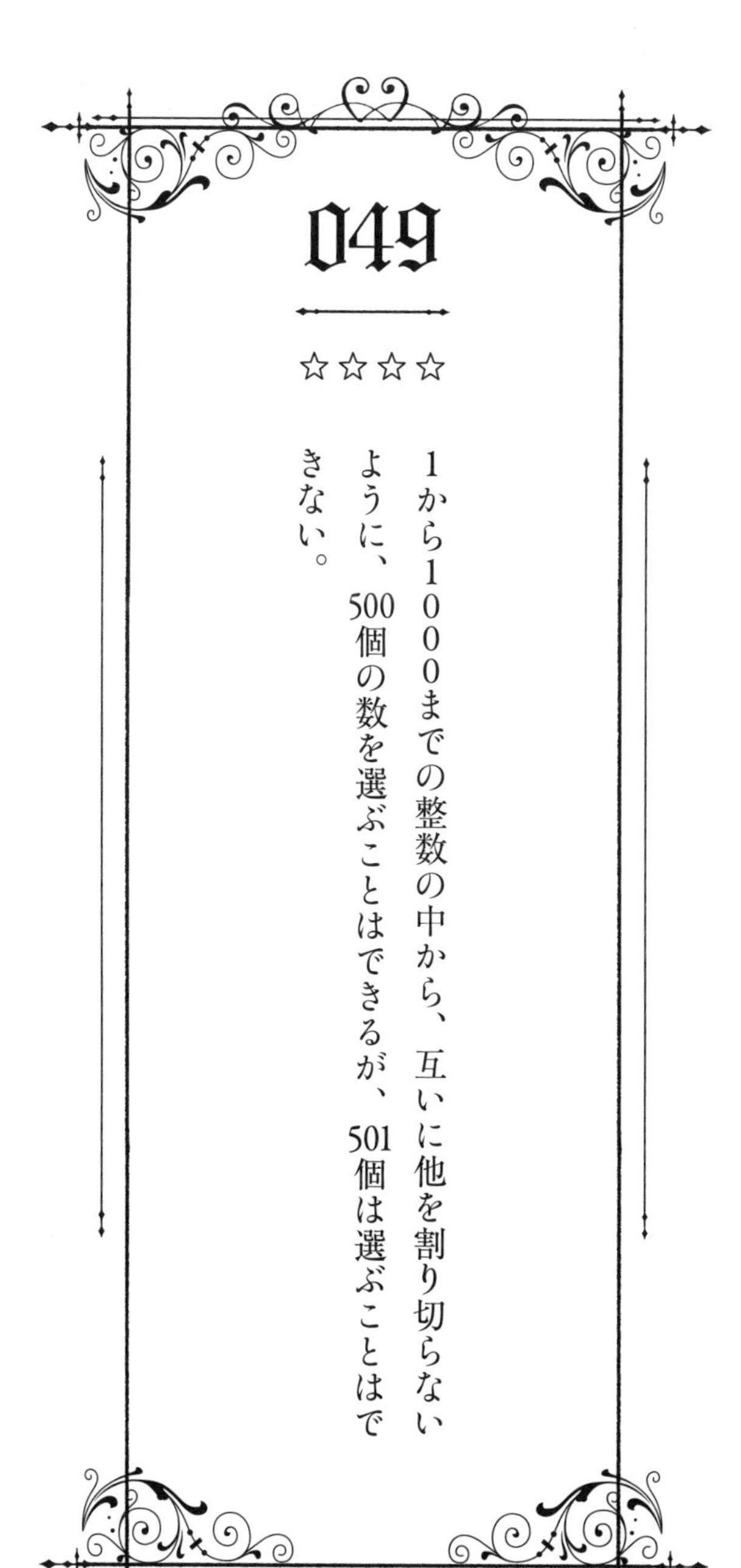

049

☆☆☆☆

1から10000までの整数の中から、互いに他を割り切らないように、500個の数を選ぶことはできるが、501個は選ぶことはできない。

例えば、501から1000までの500個の数を選ぶと、互いに他を割り切れません。なぜなら、割り切られる方の数は、割り切る方の数の2倍以上になるからです。501以上の数の2倍は1002以上なので、その数の倍数は選んだ500個の中には入っていません。

では、501個の数を選ぶとどうなるでしょうか。選んだ数xを「鳩」と見たてて、501から1000までの整数を「巣」だと思いましょう。そして、もしxが500以下の数ならば、巣に入るまで、2倍、2倍を繰り返していきます。500を2倍しても1000にしかならないので、鳩が巣を飛び越えて1001以上の数になることはありません。つまり、必ず鳩xは巣に入ります。しかし、鳩は全部で501羽であり、巣は501から1000までの500個しかありません。したがって、鳩の巣原理により、同じ巣に入る2羽の鳩x、yがいることになります。つまり、どちらも2倍、2倍を繰り返して、同じ数になるわけです。仮にyの方が大きい数だとすると、xの方が巣に入るまで2倍した回数が多いことになるので、2倍を繰り返して巣に入る途中でyと一致することになります。つまり、yはxの倍数なので、xはyを割り切ります。したがって、目的通りに501個を選ぶことはできません。

050

☆☆☆☆

1から10までの自然数を環状に並べる。どのような順番で並べても、連続する3つの数で、その和が18以上になるところがある。

環状に並べた10枚のお皿に1から10までの自然数が書かれており、その数と同じ個数のボールを置いたところをイメージしましょう。ボールは全部で55個です。

そこで、ボールが1個だけ乗っているお皿を除いた9枚のお皿を連続する3皿ごとに区切って、3つのグループに分けて考えましょう。この3つグループには全体で、2から9まで足した数、つまり、54個のボールが乗っています。それが3つのグループに配られているので、一般化された鳩の巣原理により、どこかのグループには18個以上のボールが配られていることになります。そうでないとすると、17×3＝51なので、3つのグループ全体のボールの個数が54に満たないからです。したがって、そのグループに対応する3連続の数の和が18以上になります。

ちなみに、図のように1から10までを並べると、3連続の数の和が19以上になるところはありません。

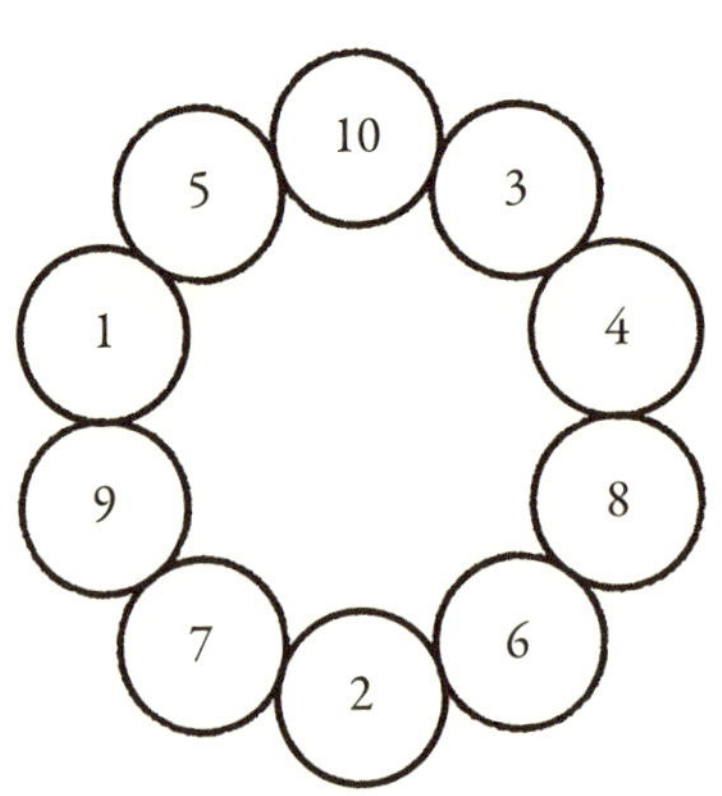

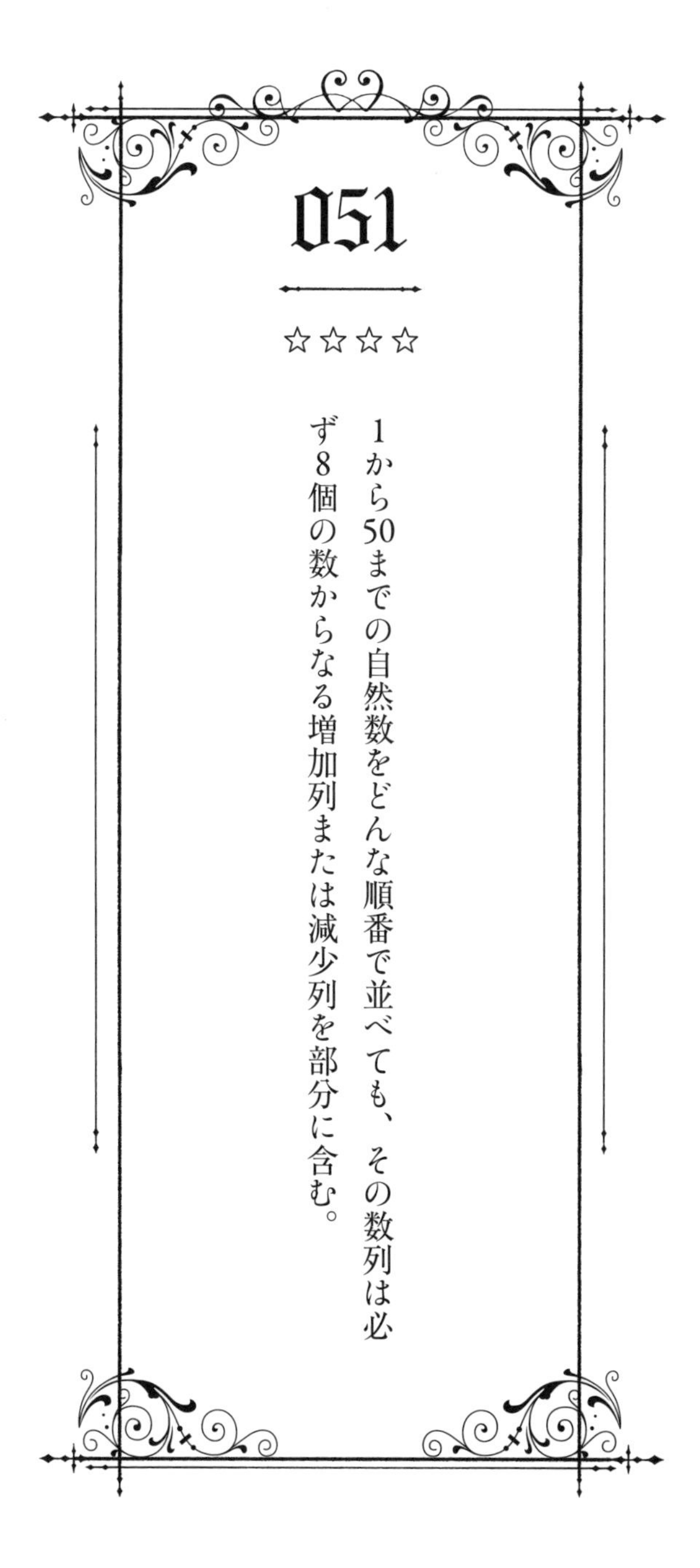

051

☆☆☆☆

1から50までの自然数をどんな順番で並べても、その数列は必ず8個の数からなる増加列または減少列を部分に含む。

1から50までの自然数を適当に並べた数列を考えます。その中の1つの数aから始めて、増加するように数列の数を拾って作ることのできる数列で、一番長いものを考え、それに並ぶ数の個数をxとします。同様に同じ数aから始めて、逆向きに増加するように数を拾って作ることのできる数列、つまり、aで終わる減少列で、一番長いものを考え、それに並ぶ数の個数をyとします。このとき、(x, y)を数aの「タイプ」と呼ぶことにしましょう。

そこで、もとの数列が8個の数からなる増加列も減少列を含まないと仮定しましょう。すると、数列の中のどの数aに対しても、xもyも1から7までの値になるので、aのタイプ(x, y)は、$7 \times 7 = 49$通りしかありません。しかし、数列に並ぶ数は50個なので、鳩の巣原理により、タイプが同じ2つの数a、bがあることになります。数列の中でbはaよりも後ろにあるとしましょう。もし$a < b$ならば、bから始まる最長の増加列の前にaを追加すると、aから始まる増加列が得られ、それには$x+1$個の数が並びます。これはaに対するxの決め方に矛盾します。反対に、$a > b$ならば、aで終わる最長の減少列の最後にbを追加すると、bで終わる長さが$y+1$の減少列を作ることができてしまい、bに対するyの決め方に矛盾します。いずれの場合も矛盾が起きるので、8個の数からなる増加列も減少列がないという仮定は正しくありません。

052

☆☆☆☆

それぞれ1から5までの数字が書かれたカード5枚を伏せて5人に1枚ずつ配る。どの人も自分以外の4人のカードに書かれている数の和を告げられ、それをもとに伏せられた自分のカードの数を予想する。どの人も、自分に告げられた数が5で割り切れれば「5」を、割り切れなければ5で割ったときの余りを予想として言うことにすると、必ず誰かの予想が当たっている。

合同式が利用できると便利なので、その使い方も説明していきましょう。5人に配られたカードに書かれている数を順にx_1、x_2、x_3、x_4、x_5とおきます。たとえば、1番目の人の予想が当たったとすると、合同式で①のように書くことができます。

これは「5を法として、右辺と左辺は合同である」と読みますが、「右辺と左辺を5で割ったときの余りが等しい」という意味です。4つの数の和が5で割り切れるときは「5」と言うことになっていますが、5を5で割ったときの余りは0なので、このように書いても同じことを意味します。

合同式では、足し算、引き算、かけ算は、通常の等式と同じように計算ができます。したがって、右辺を移項することで、合同式②が得られます。

つまり、その人の予想が当たっているときは、自分のカード以外に書かれている4数の和から自分のカードの数を引いた値を5で割ると、その余りが0になるということです。反対に、予想が外

$$x_2 + x_3 + x_4 + x_5 \equiv x_1 \pmod 5 \quad \cdots ①$$

$$x_2 + x_3 + x_4 + x_5 - x_1 \equiv 0 \pmod 5 \quad \cdots ②$$

れていれば、その余りは0になりません。

そこで、5人全員の予想が当たらなかったとしましょう。このとき、合同式②の右辺を5で割った余りは0以外になっています。整数を5で割ったときの余りは0、1、2、3、4のいずれかですが、いまは0が除かれているので、1、2、3、4の4通りです。したがって、鳩の巣原理により、5人のうちの2人に対する式を5で割ったときの余りが一致します。その2人を1番と2番の人だとすると、この事実は③のように書けます。両辺に同じ項があるので、それを消去すると、④になります。さらに、移項して整理すると、最終的に⑤が得られます。

通常の等式なら、両辺を2で割りたいところですが、合同式の場合に割り算をするときには注意が必要です。たとえば、合同式⑥が成り立ちますが、6

$$x_2 + x_3 + x_4 + x_5 - x_1 \equiv x_1 + x_3 + x_4 + x_5 - x_2 \pmod{5} \quad \cdots ③$$

$$x_2 - x_1 \equiv x_1 - x_2 \pmod{5} \quad \cdots ④$$

$$2x_2 \equiv 2x_1 \pmod{5} \quad \cdots ⑤$$

$$2 \times 3 \equiv 2 \times 6 \pmod{6} \quad \cdots ⑥$$

を法として3と6は合同にはなりません。これは法としている数が素数でないために起こる現象です。

　幸い5は素数なので、両辺を2で割ってもよいのですが、x_1もx_2も1から5までの数なので、具体的に合同式が成り立つかどうかを調べればよいでしょう。実際、2倍して5で割ったときの余りが一致する数はありません。カードに書かれている数はすべて異なる数なので、これは矛盾です。したがって、誰かの予想が当たっていることになります。

053

☆☆☆☆

5の倍数でないどんな奇数に対しても、好きな数字を繰り返し並べて作った十進数で、その奇数で割り切れるものが存在する。

例えば、５の倍数でない奇数として29を、好きな数字は９を選んだとしましょう。そして、９、99、999、９９９９と、９を30個まで並べて作った30個の十進数を考えましょう。整数を29で割ったときの余りは、０から28までの29通りなので、鳩の巣原理により、30個の数の中には、29で割ったときの余りが同じになる２つの数が含まれています。その２つの数の大きい方から小さい方を引くと、先頭に９が何個か続き、その後に小さい方の桁数と同じ数だけ０が続く十進数が得られ、それは29で割り切れます。その数は９だけを並べて作った十進数Xと１００…０の積として表すことができます。１００…０の素因数は２と５だけなので、５の倍数でない奇数である29はその部分と公約数を持たず、Xを割り切ることになります。つまり、Xが求める数だったのです。

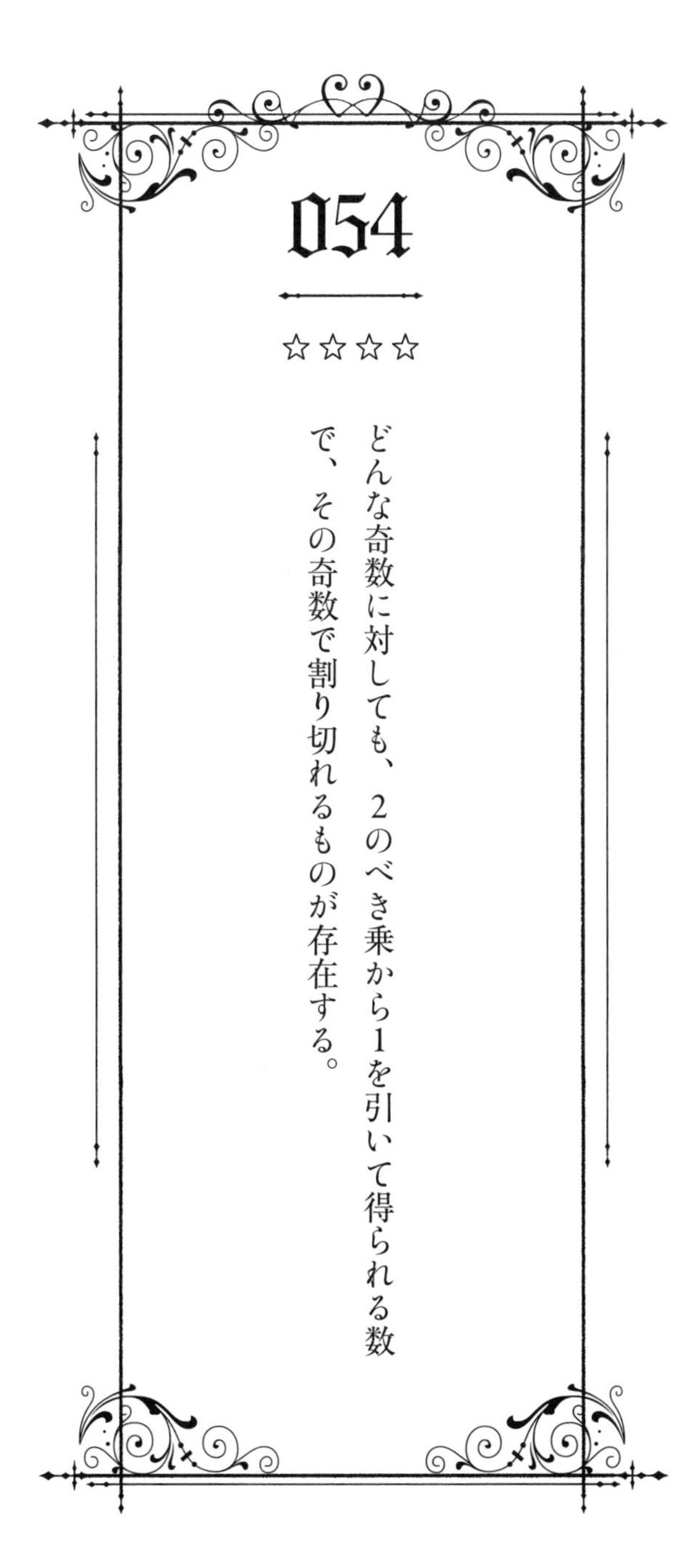

054

☆☆☆☆

どんな奇数に対しても、2のべき乗から1を引いて得られる数で、その奇数で割り切れるものが存在する。

2のべき乗とは、2を何回もかけて得られる数のことです。そのかけ算の回数がnのときには、2^nで表して、「2のn乗」と読みます。したがって、奇数Nに対して、適当なnを定めれば、2^n-1がNで割り切れることを示せばよいわけです。

そこで、$1=2^1-1$、$3=2^2-1$、…、2^N-1、$2^{N+1}-1$という$N+1$個の数を考えましょう。自然数をNで割ったときの余りは0から$N-1$までのN通りなので、鳩の巣原理により、この$N+1$個の数の中には、Nで割ったときの余りが同じになる2つの数があります。その2つを2^k-1と2^h-1($k<h$)としましょう。すると、この2つの数の差はNで割り切れることになります。

この2つの数の差は下のように分解できます。ここでNは奇数なので、2^kと共通の因数を持ちません。したがって、Nは$2^{h-k}-1$を割り切ることになります。この$2^{h-k}-1$が目的の数です。

$$(2^h-1)-(2^k-1)=2^h-2^k=2^k(2^{h-k}-1)$$

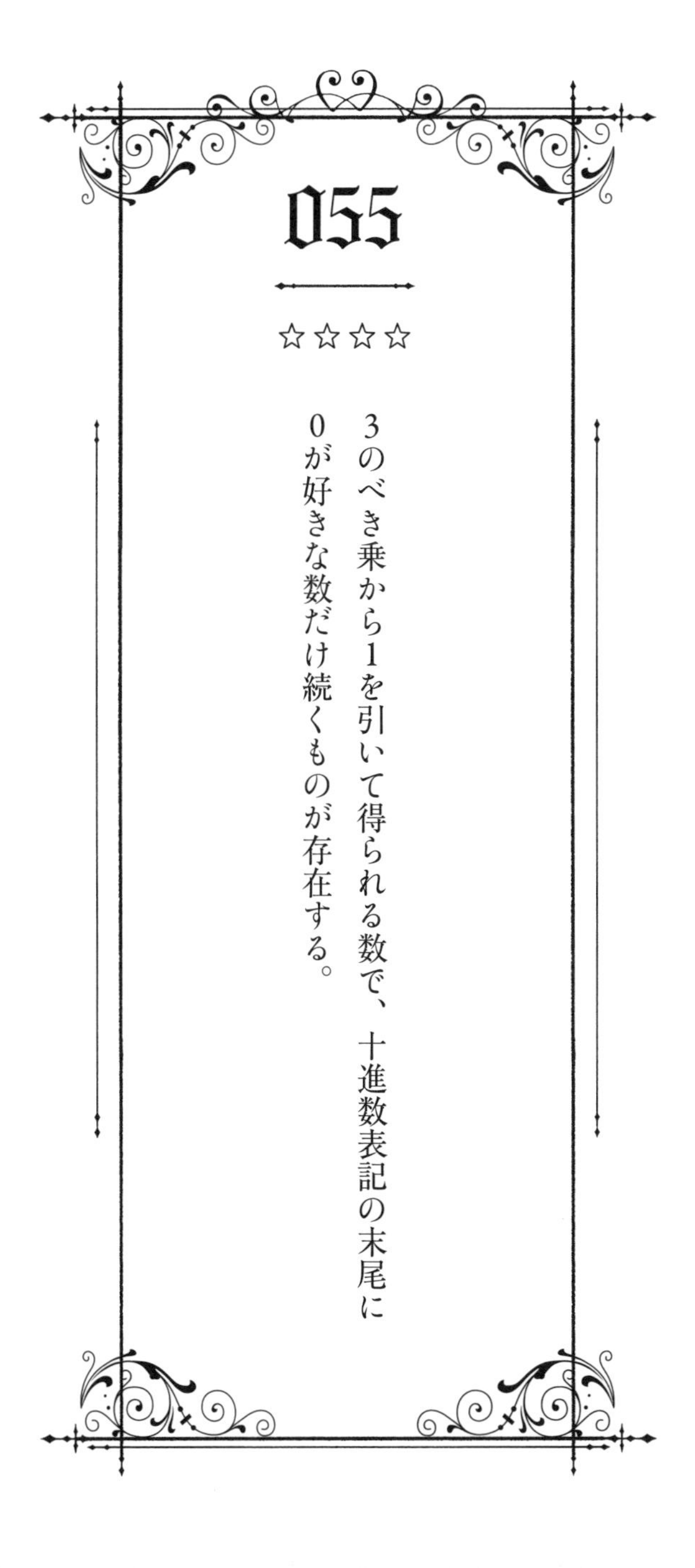

055

☆☆☆☆

3のべき乗から1を引いて得られる数で、十進数表記の末尾に0が好きな数だけ続くものが存在する。

例えば、末尾に0が3個続く数を探してみましょう。つまり、3^n-1という形の数で、10000で割り切れるものを探します。そこで、指数nの値を順に1から10001まで変えて、3^n-1という形の数を10001個用意します。自然数を10000で割ったときの余りは0から999までの10000通りなので、鳩の巣原理により、この10001個の数の中には、10000で割ったときの余りが同じになる2つの数があります。その2つを3^k-1と3^h-1 $(k<h)$としましょう。すると、この2つの数の差は10000で割り切れることになります。

この2つの数の差は下のように分解できます。10000の素因数は2と5だけなので、10000は3^kと共通の因数を持ちません。したがって、10000は$3^{h-k}-1$を割り切ることになり、この数の十進表記の末尾には0が3つ続きます。

末尾に続く0の個数が何個でも、同じ考え方で、目的の数が探し出せることは明らかでしょう。

$$(3^h-1)-(3^k-1)=3^h-3^k=3^k(3^{h-k}-1)$$

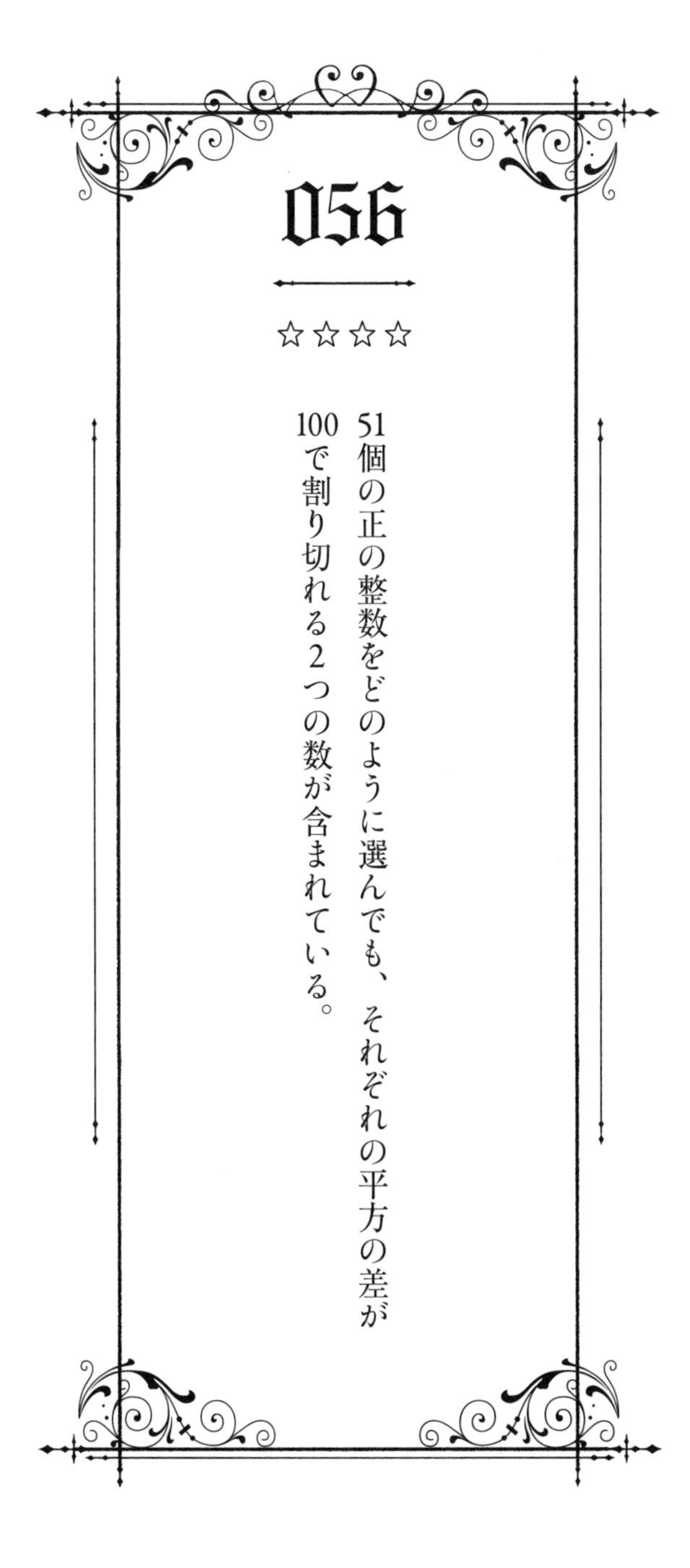

056

☆☆☆☆

51個の正の整数をどのように選んでも、それぞれの平方の差が100で割り切れる2つの数が含まれている。

まず、平方数を100で割ったときの余りについて調べておきましょう。正の整数xを100で割ったときの商をaとし、余りをbとすると、xは$100a+b$と表せます。つまり、aはxを十進表記したときの10の位までを切り捨てて得られる数、bは10の位までの数です。これを2乗してみると、①のようになります。中学校で習う展開の公式$(a+b)^2=a^2+2ab+b^2$と比較して考えてください。

この式から、100以上の数の平方（＝2乗）を100で割ったときの余りは、その数の10の位までの2桁の数の平方を100で割ったときの余りと同じだということがわかります。

そこで、100未満の数の平方を100で割ったときの余りを調べてみましょう。その10の位と1の位の数をそれぞれc、dとおくと、その数は$10c+d$と表せ、それを2乗すると②のようになります。もちろん、cもdも0から9までの1桁の数です。

$$
\begin{aligned}
x^2 = (100a+b)^2 &= (100a)^2 + 2(100a)b + b^2 \\
&= 100(100a^2+2ab)+b^2 \quad \cdots ①
\end{aligned}
$$

$$
\begin{aligned}
(10c+d)^2 &= (10c)^2 + 2(10c)d + d^2 \\
&= 100c^2 + 20cd + d^2 \quad \cdots ②
\end{aligned}
$$

もしcの値が4以下ならば、$10c+d$の10の位の数を5だけで大きくした数$10(c+5)+d$も100未満の数になっています。②のcに$c+5$を代入して計算すると、その数の平方は③のようになることがわかるでしょう。

③と②を比較すると、$10c+d$の平方も$10(c+5)+d$の平方も、100で割ったときの余りは、$20cd+d^2$を100で割ったときの余りに等しいことがわかります。これを合同式を使って書くと、④のようになります。要するに、50未満の数の平方とその数に50を足した数の平方を100で割ったときの余りは等しいということです。

冒頭で示したように、100以上の数の平方を100で割ったときの余りとして現れる数は、100未満の数の平方を100で割ったときの余りとして現れます。さらに、その余りは、50未満の数の平方を100で割ったときの余りとして現れることになります。

$$
\begin{aligned}
(10(c+5)+d)^2 &= 100(c+5)^2+20(c+5)d+d^2 \\
&= 100(c+5)^2+100d+20cd+d^2 \\
&= 100\{(c+5)^2+d\}+20cd+d^2 \quad \cdots ③
\end{aligned}
$$

$$
(10c+d)^2 \equiv \{10(c+5)+d\}^2 \equiv 20cd+d^2 \pmod{100} \quad \cdots ④
$$

結局、どんな数の平方を100で割っても、その余りは0から49までのある数の平方を100で割ったときの余りになっているということです。つまり、どんな数の平方を100で割っても、その余りとして現れる数は50通り以下です。したがって、鳩の巣原理により、51個の正の整数の中には、その平方を100で割ったときの余りが等しい2つの数が含まれていることになります。そして、その数の平方の差が100で割り切れます。

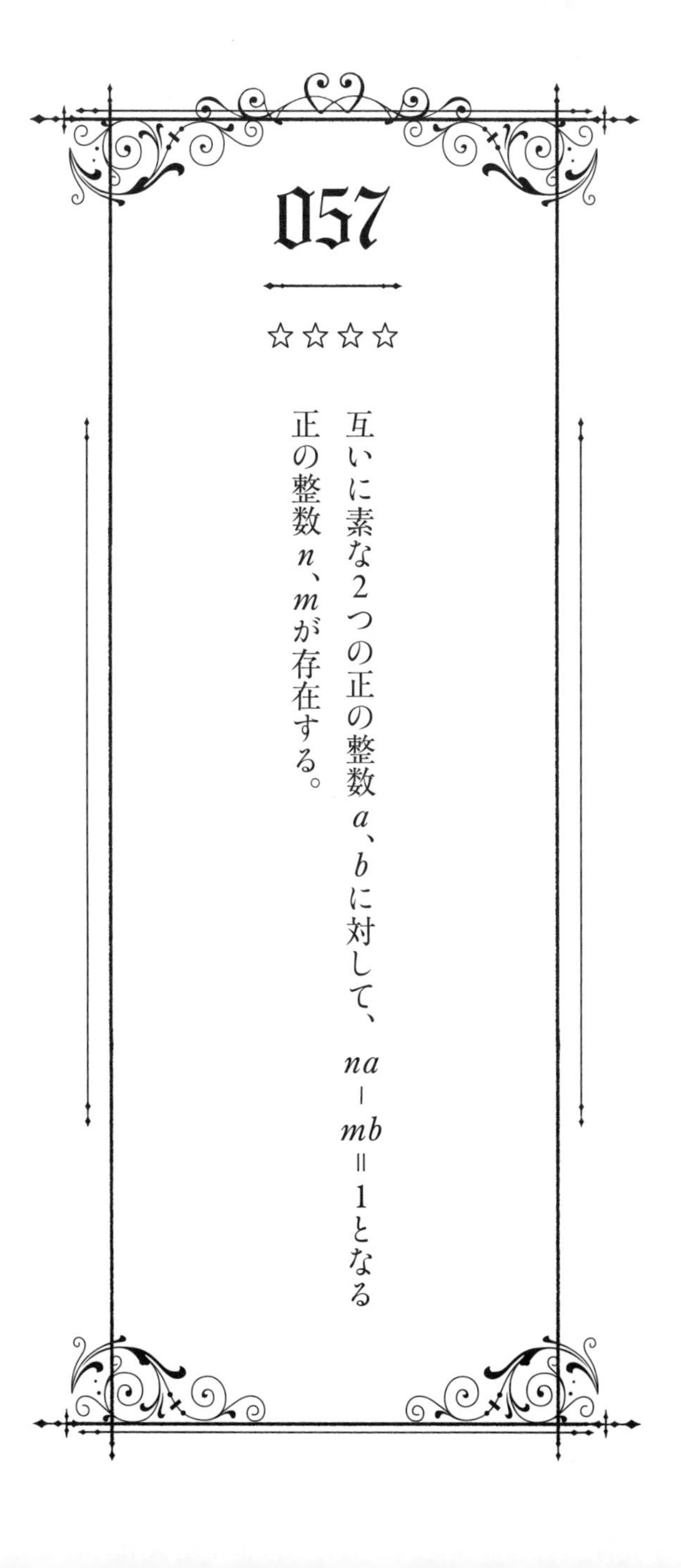

057

☆☆☆☆

互いに素な2つの正の整数a、bに対して、$na-mb=1$となる正の整数n、mが存在する。

aを順に0、1、2、…をかけて得られるb個の整数0、a、$2a$、…、$(b-1)a$を考えましょう。この中にbで割ったときの余りが1になる数が含まれていないと仮定します。このとき、余りの候補は0から$b-1$までの1を除いた$b-1$通り以下です。したがって、鳩の巣原理により、このb個の中にはbで割ったときの余りが等しいものがあります。その2つの整数をka、ha（$k>h$）とし、それぞれをbで割ったときの商をp、q、その共通の余りをrとすると、それぞれ$ka=pb+r$、$ha=qb+r$と表されるので、その差は下のようになります。

$$(k-h)a=(p-q)b$$

aとbは互いに素なので、つまり、1以外に公約数はないので、bは（$k-h$）を割り切ることになります。ところが、kもhもb未満の非負整数なので、その差$k-h$もb未満の非負整数です。そのような整数で、bで割り切れるものは0しかありません。つまり、$k-h=0$となり、$k=h$になってしまい、$k>h$としていたことに矛盾します。したがって、背理法により、naという形の整数の中にbで割ったときの余りが1になるものが存在します。その商をmとおけば、$na=mb+1$となり、$na-mb=1$となることがわかります。

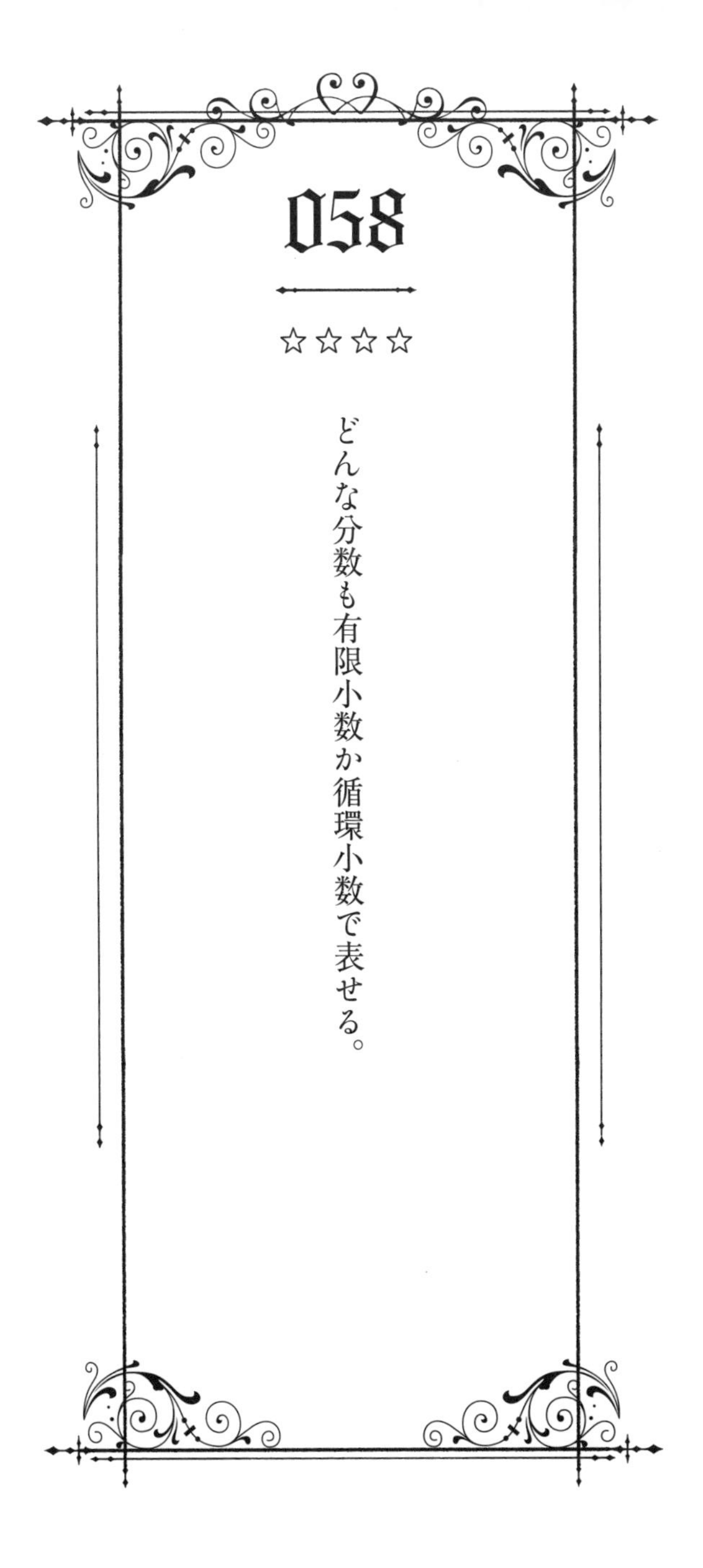

058

☆☆☆☆

どんな分数も有限小数か循環小数で表せる。

分子を分母で割る割り算を筆算で計算するところを考えてみましょう。小数点以下まで割り進んでいって、あるところで割り切れたとすると、その答えとして得られる有限小数がその分数を表しています。

反対に、割り算がいつまでも続いたとしましょう。ある程度割り算が進むと、割り算の余りの末尾に0を追加して次の割り算をするということを繰り返すことになります。もし余りが0になったならば、そこで割り切れたことになるので、割り算の余りとして現れる数は、1から（分母−1）までです。ということは、分母と同じ回数以上に割り算を繰り返すと、鳩の巣原理により、同じ数が2回以上割り算の余りとして現れることになります。同じ余りが現れれば、そこに0が追加されて、前と同じ計算が繰り返されることになるので、答えとして得られる小数もそれに対応する部分が循環することになります。

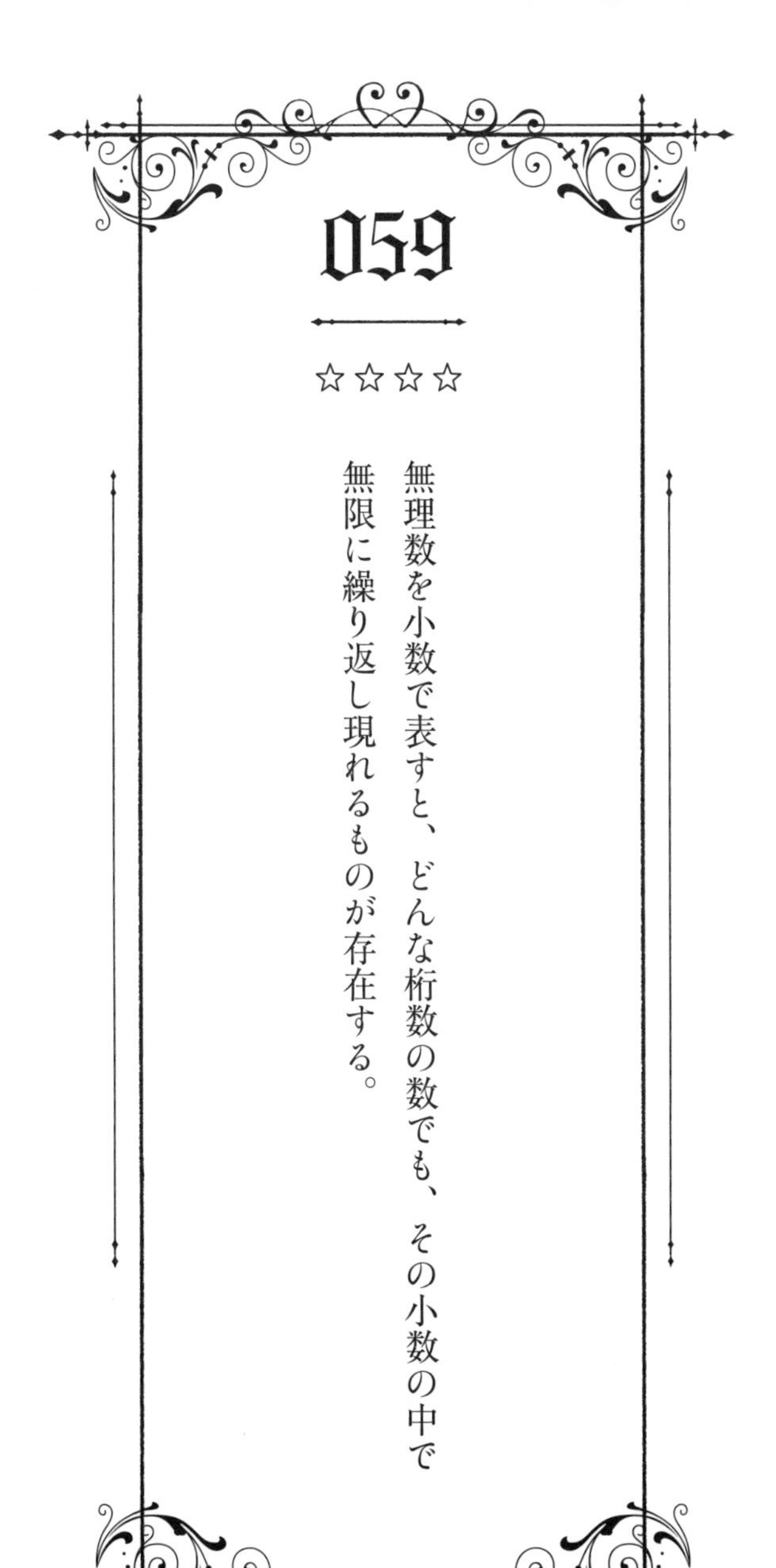

059

☆☆☆☆

無理数を小数で表すと、どんな桁数の数でも、その小数の中で無限に繰り返し現れるものが存在する。

無理数とは分数で表すことのできない実数のことです。分数は有限小数か循環小数で表されるので、無理数を小数で表すと、繰り返しパターンのない無限に続く小数になります。たとえば、3桁の数列を考えましょう。まず、与えられた無理数の小数点以下の部分を3桁ずつ区切っておきます。そして、Nを十分大きな自然数として、小数点の次から数えて$1000N+1$個めまでの3桁区切りの部分に注目しましょう。1桁は0から9までの10通りなので、3桁の数列は$10\times10\times10=1000$通りあります。一般化された鳩の巣原理により、注目している3桁区切りの部分に$N+1$回以上現れる3桁の数列があることになります。

3桁の数列は1000通りしかないので、もし無限に繰り返すものがなかったならば、繰り返し回数の最大値を考えることができます。その最大値をNとしてはじめの議論を適用すると、$N+1$回繰り返す数列が見つかります。しかし、これはNが最大値であることに矛盾します。したがって、無限に繰り返す3桁の数列が存在することになります。

何桁の数列に対しても同様の議論が成り立つことは明らかでしょう。

特別篇

最後に並ぶ11個の扉には、専門的に数学を学ばないと触れることのない事柄が書かれています。扉の文章はあえて専門用語を使って書いています。しかし、扉をめくれば、その言葉の意味がわかるように解説しました。専門的な数学のスタイルにはこだわらず、専門用語を直観的に理解できるような表現になっていますので、ここまでの扉をすべて制覇できた人はチャレンジしてみてください。

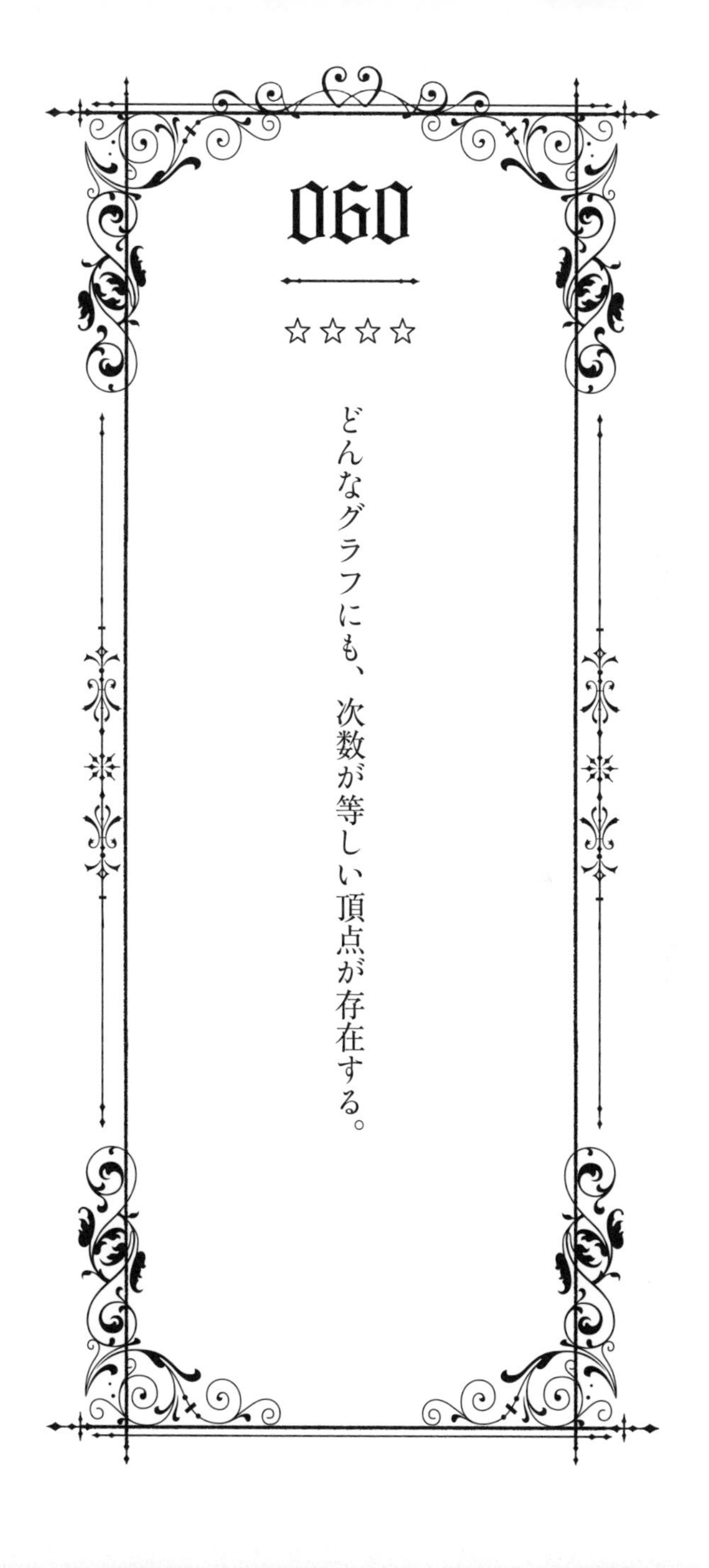

060

☆☆☆☆

どんなグラフにも、次数が等しい頂点が存在する。

「グラフ」と聞くと、関数のグラフや、棒グラフ、円グラフなど、統計で使うグラフを思い浮かべる人が多いでしょう。ここでいう「グラフ」はそれとは違い、次のような図形のことです。

まず、紙の上にいくつかの小さな粒を書きましょう。塗りつぶした黒丸でもいいし、白丸でもかまいません。この粒のことを**頂点**と呼びます。その頂点を2つずつ選んで、そのペ

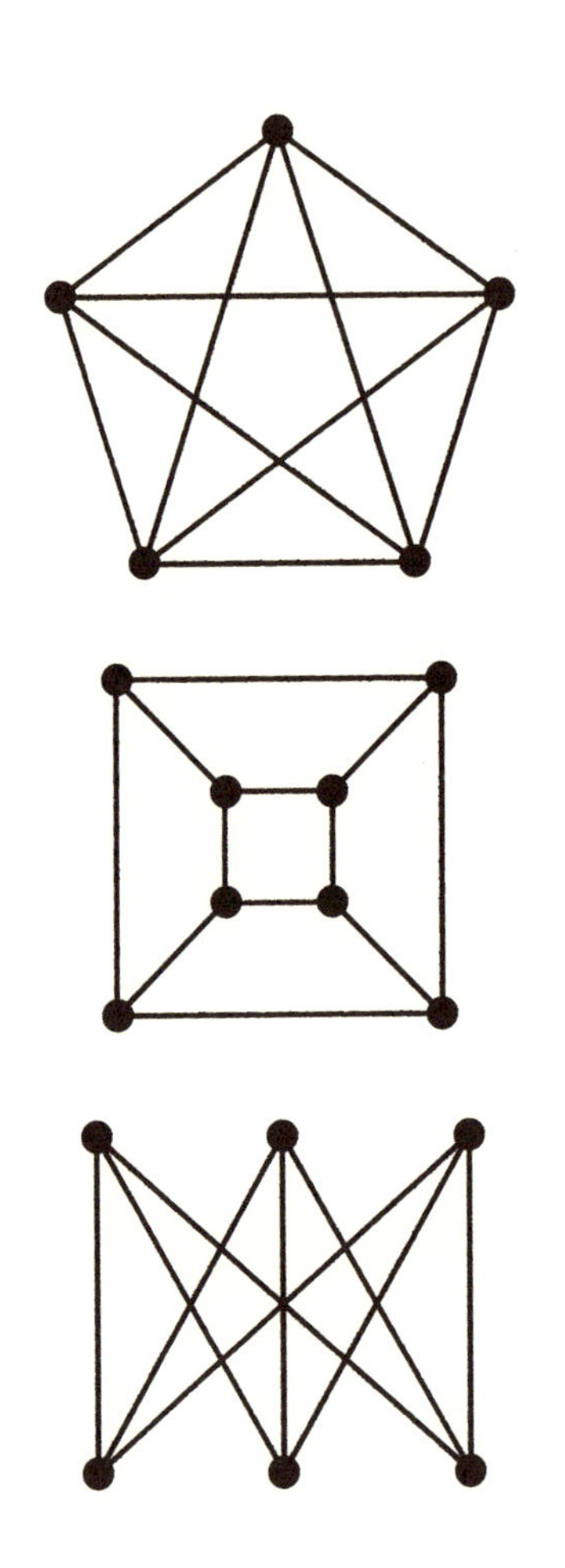

アを線分で結んでいきます。その線分を**辺**と呼びます。すべての組合せを結ぶ必要はありません。また、どのペアも2本以上の線分では結ばないものとします。こうしてできた頂点と辺からなる図形が**グラフ**です。高校の教科書では、関数のグラフと区別するために、「離散グラフ」と呼ばれています。

各頂点から出ている辺の本数をその頂点の**次数**といいます。たとえば、下図にあるグラフの頂点に添えられている数がその頂点の次数になっています。特に、1本も辺が出ていない頂点の次数は0です。1つの頂点から出ている辺の本数が最大になるのは、その頂点からそれ以外のすべての頂点

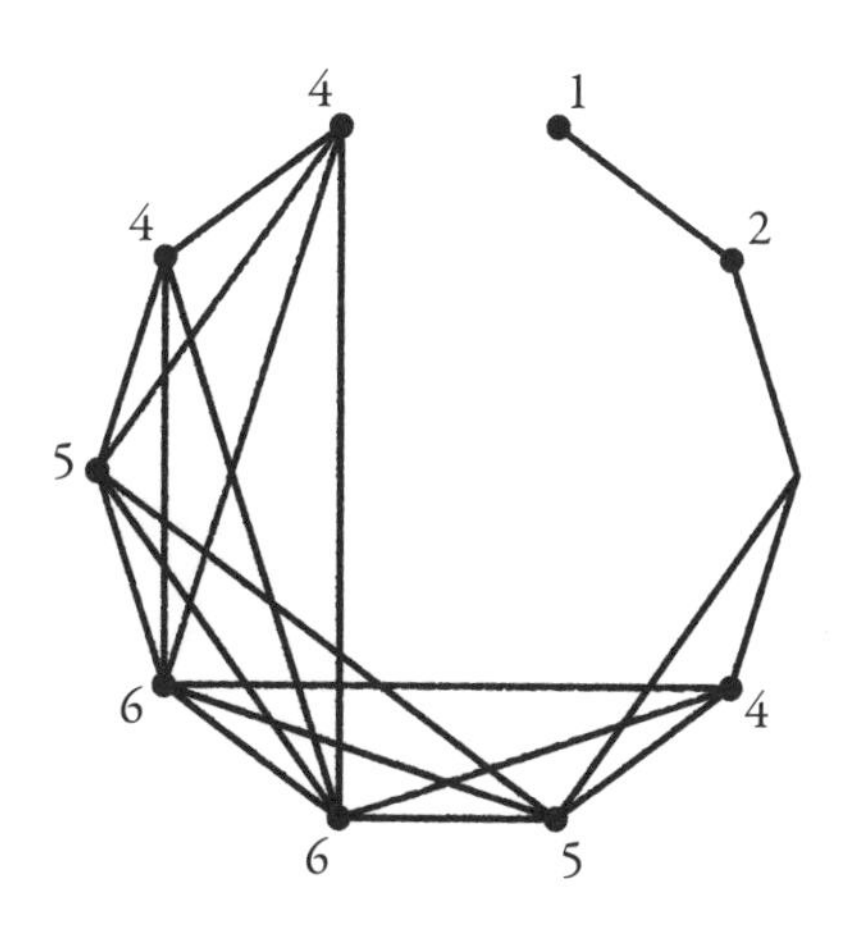

に向かって辺が出ている場合です。したがって、どの頂点の次数も（頂点数－1）以下になります。

たとえば、グラフの頂点が10個ならば、頂点の次数は0から9までの整数です。しかし、0と9は両立しません。なぜなら、0は他のどの頂点とも辺で結ばれていないことを意味しているのに、9はすべての頂点と結ばれていることを意味しているからです。ということは、頂点の次数として現れる数の候補は、0から8、または、1から9までの9通りです。頂点は10個あるので、鳩の巣原理により、次数が等しい2つの頂点があることになります。

頂点数が10でなくても、これと同じ考え方が成り立つことは明らかでしょう。したがって、どんなグラフにも次数が同じ頂点が存在することがわかります。

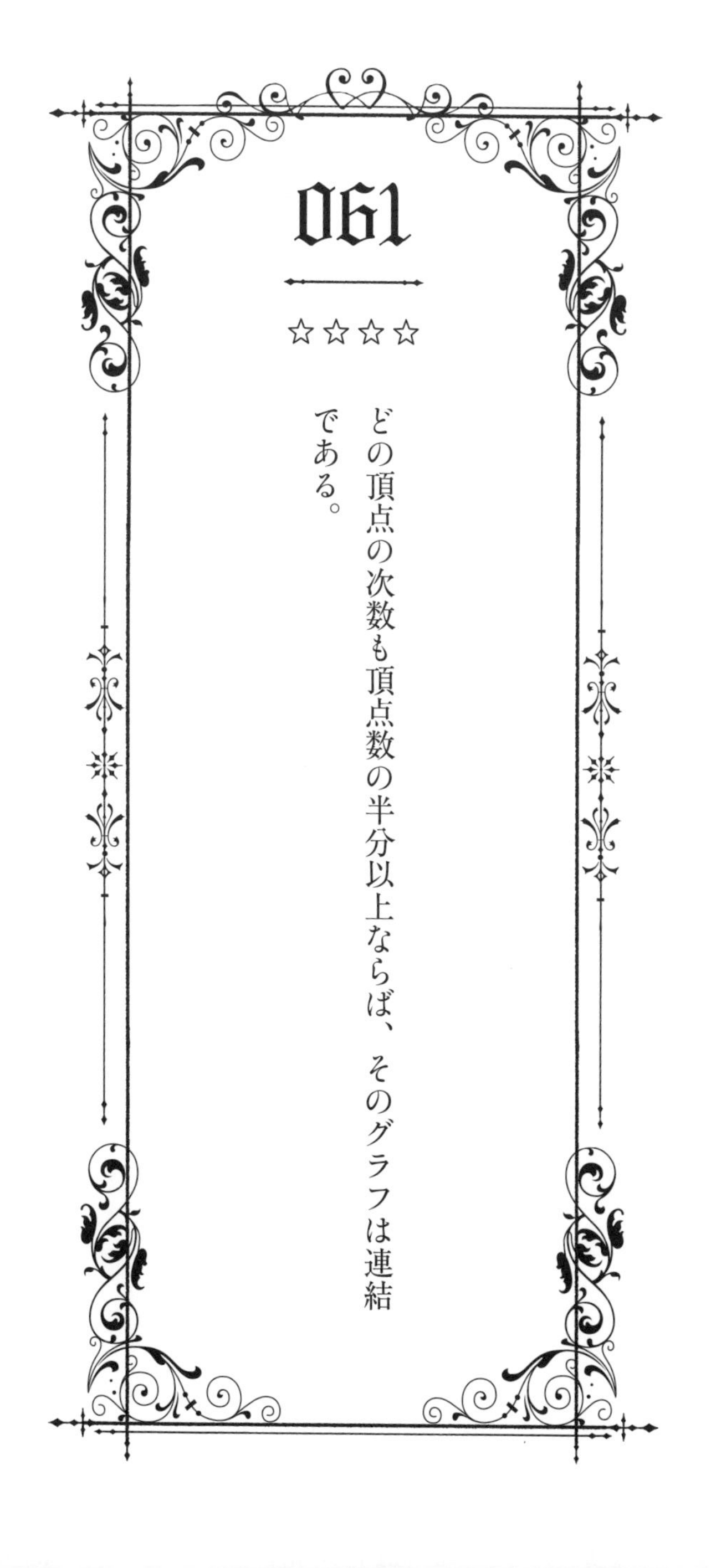

061

☆☆☆☆

どの頂点の次数も頂点数の半分以上ならば、そのグラフは連結である。

実は、グラフにおいて、頂点の位置は重要ではありません。どの頂点とどの頂点が辺で結ばれているか（頂点の隣接関係）が重要です。なので、頂点の位置が違っても、対応する頂点どうしの隣接関係が同じならば、同じグラフを表していると考えます。

そうすると、頂点の位置を適当に修正すると、グラフが２つに分離してしまうこともあります。つまり、２つのグラフを並べて描いたような状態になるということです。そのように２つに分離できるグラフは**非連結**であるといいます。そうできなければ、**連結**であるといいます。連結なグラフでは、どの２つの頂点を選んでも、いくつかの辺を乗り継いでたどっていって、一方からもう一方まで進んでいける道が見つかります。通常は、逆に、この事実を用いて「連結なグラフ」を定義し、そうでないグラフを「非連結なグラフ」と定めます。そして、一方からもう一方に進む道が通過する辺の本数をその**道**の長さといいます。たとえば、与えられたグラフには10個の頂点があり、どの頂点の次数も頂点数の半分以上、つまり、５以上になっていると仮定しましょう。このとき、どの２つの頂点も道で結ばれていることを示していきます。

２つの頂点をvとuとしましょう。この２つの頂点が辺で結ばれていれば、長さが１の道があることになります。そこで、vとuの間には辺がないとしましょう。

仮定から、vとuはそれぞれこの2つを除いた8個の頂点のうちの5個以上と辺で結ばれています。その両方を併せるとのべ10個の頂点ですが、「のべ」で数えなければ8個以内です。したがって、鳩の巣原理により、8個の中の1つの頂点が2回数えられていることになります。もちろん、vとuのそれぞれに対しては1回しか数えていないので、その重複して数えた頂点はvとuの両方と辺で結ばれているはずです。つまり、vとuはその頂点を通る長さ2の道で結ばれています。

実は、$5+5-2=8$であることから、vとuの両方と辺で結ばれている頂点は少なくとも2個あります。それに対応して、vとuは少なくとも2本の道で結ばれていることになります。ここではそこまで結論する必要はありませんが。

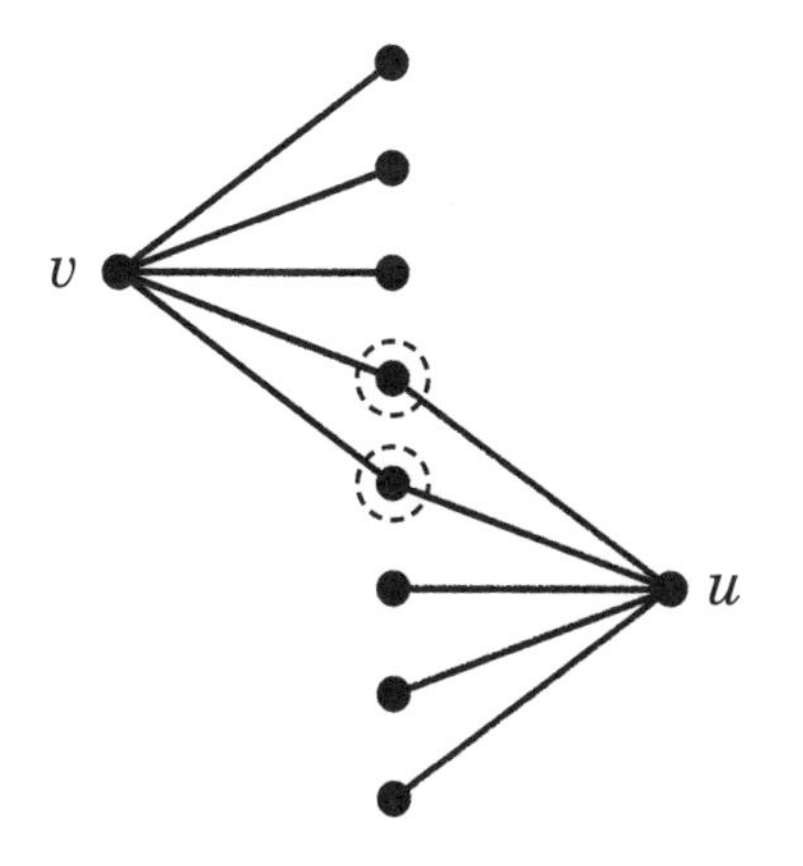

いずれにせよ、勝手に選んだ2つの頂点は長さが1か2の道で結ばれていることがわかりました。したがって、グラフは連結です。

ちなみに、すべての頂点の次数が4以上であるという仮定をしても、グラフが連結であることは結論できません。実際、10個の頂点を5個ずつの2つのグループに分け、グループ内の5個の頂点どうしをすべて辺で結んでグラフを作ると、そのグラフは2つに分離しています。そして、どの頂点の次数も4になっています。

頂点の個数が10でない場合にも、同様の議論が成り立つことは明らかでしょう。頂点数の半分がいくつになるのかに注意して考えればよいだけです。

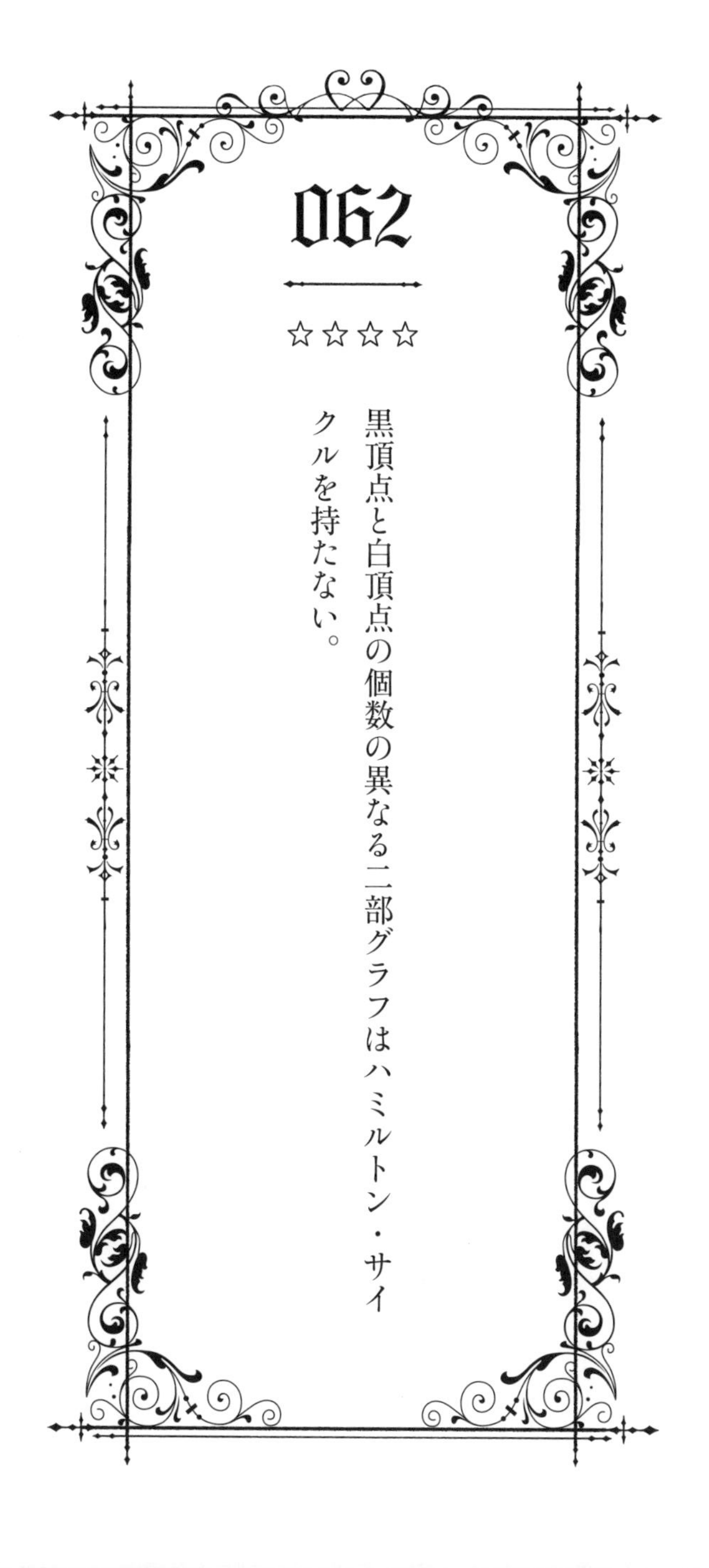

062

☆☆☆☆

黒頂点と白頂点の個数の異なる二部グラフはハミルトン・サイクルを持たない。

グラフの頂点を黒と白で色分けして、同じ色の頂点どうしが辺で結ばれていないようにできるとき、そのグラフを**二部グラフ**といいます。一方、すべての頂点を1回ずつ通って、出発点に戻ってくるようなサイクルのことを**ハミルトン・サイクル**と呼びます。

二部グラフにおいて、黒頂点の方が白頂点よりも多いとします。そして、ハミルトン・サイクルがあったと仮定しましょう。二部グラフでは黒頂点と白頂点しか辺で結ばれていないので、ハミルトン・サイクルは黒頂点を通った後は必ず白頂点を通ります。そこで、各黒頂点にその白頂点を対応させてみます。白頂点の方が黒頂点よりも少ないので、鳩の巣原理により、同じ白頂点に対応する2つの黒頂点が存在します。しかし、これはハミルトン・サイクルがその白頂点を2回通ることを意味するので、定義に矛盾します。したがって、ハミルトン・サイクルがあるという仮定が否定されます。

二部グラフにハミルトン・サイクルがあれば、黒頂点と白頂点を交互に通るので、黒頂点と白頂点の個数は等しいと、簡単に考えてもよいでしょう。

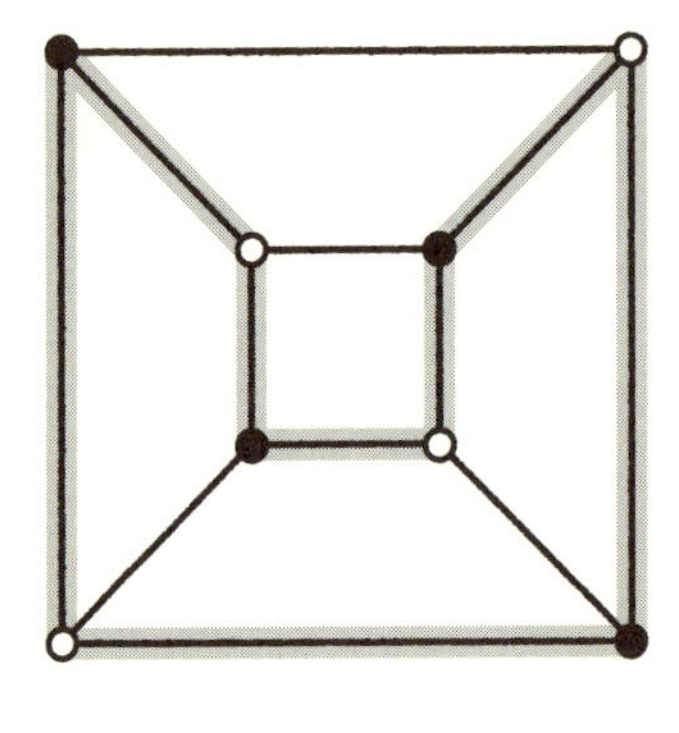

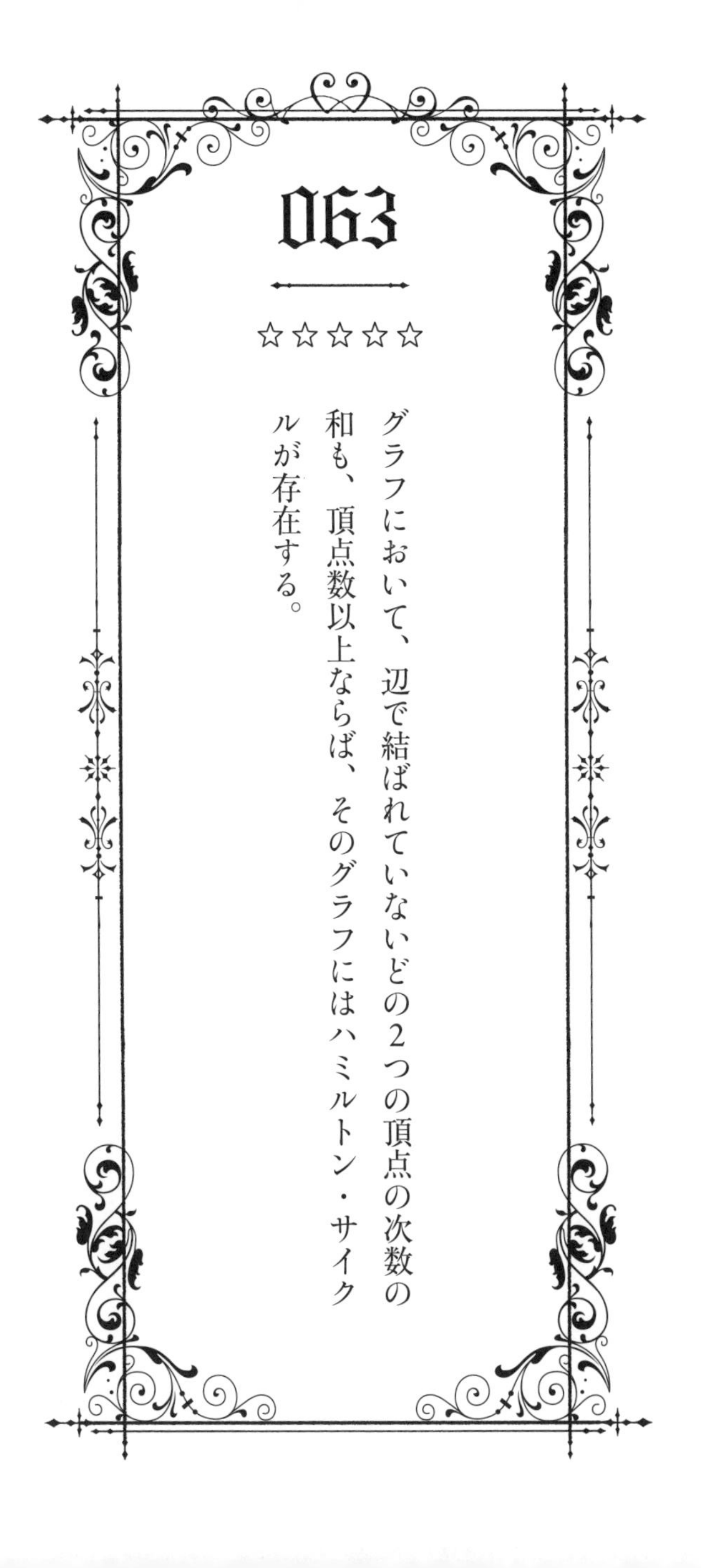

063

☆☆☆☆☆

グラフにおいて、辺で結ばれていないどの2つの頂点の次数の和も、頂点数以上ならば、そのグラフにはハミルトン・サイクルが存在する。

これは「オアの定理」と呼ばれるグラフ理論の基本的な定理です。この定理を出発点にハミルトン・サイクルの存在について多くの研究が行われています。

与えられたグラフの頂点の個数をNとして、辺で結ばれていないどの頂点の次数の和もN以上であると仮定しましょう。いきなりハミルトン・サイクルを見つけるのは難しいので、まず、そのグラフの中で同じ頂点は2回通らずに、なるべく多くの頂点を通る道を考えます。そのような道の中で、最も長さの長い道の1つをPとします。

その道Pの両端にある2つの頂点をxとyとします。もしその2つの頂点xとyが辺で結ばれていれば、道Pにその辺を加えるとサイクルになっています。このサイクルがハミルトン・サイクルになるのですが、それは後で議論します。ここでは反対に、頂点xとyが辺で結ばれていない場合を考えましょう。

もし頂点xまたはyが道Pの上にない頂点と辺で結ばれていると、その辺を追加することでPを延長することができます。しかし、これは道Pが最長であることに矛盾します。したがって、頂点xとyのそれぞれと辺で結ばれている頂点はすべて道Pの上にあることになります。

そこで、下図のように道P上でxからyへと進む向きを考えて、頂点xと辺で結ばれている頂点を小さい丸で、道Pの向きに沿って1つ手前の頂点が頂点yと辺で結ばれている頂点を大きい丸で囲んでみましょう。道P上の頂点で、丸で囲まれる可能性のあるのは頂点x以外の頂点です。なので、その候補は多くても$N-1$個です。一方、小さい丸の個数は頂点xの次数に等しく、大きい丸の個数は頂点yの次数に等しくなっています。

頂点xとyは辺で結ばれていないので、仮定から、その次数の和はN以上です。つまり、道P上には大と小を併せてN個以上の丸が付けられています。しかし、その丸が付く候補は$N-1$個以下なので、鳩の巣原理により、2つの丸で囲まれている頂点があることになります。その2つの丸は大きい丸と小さい丸です。つまり、その頂点をzとすると、zはxと辺で結ばれ、zの1つ手前の頂点がyと辺で結ばれています。

この状況では、xから出発して、辺をたどってzに進み、そこから

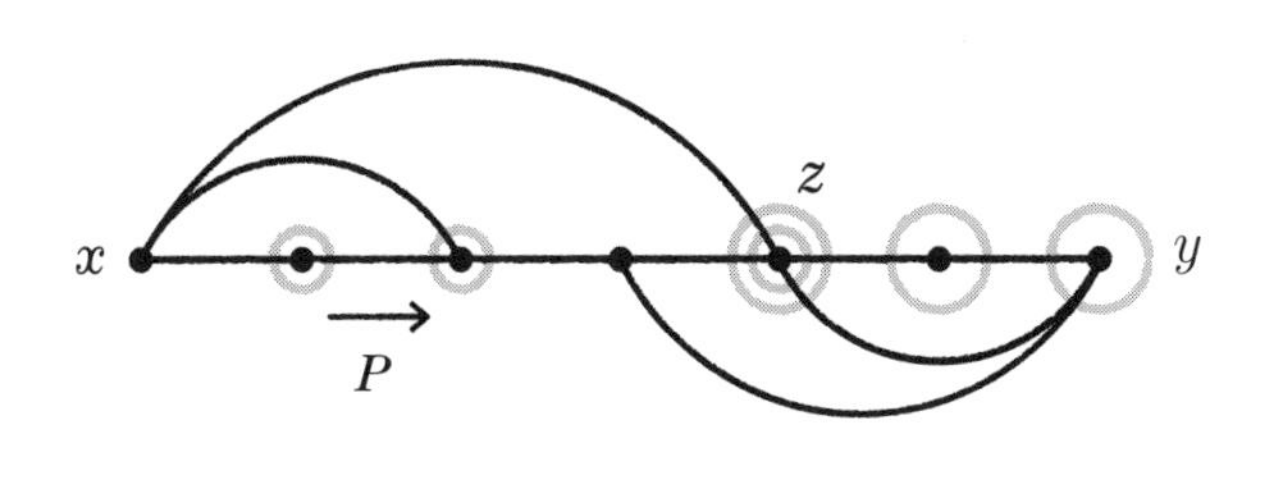

道Pに沿ってyまで進んで、辺をたどってzの1つ前の頂点まで行き、道Pを逆向きに進んでxまで行くことができます。これで道Pに並ぶ順番は異なるけれど、道Pの頂点をすべて通るサイクルが見つかりました（下図）。

頂点xとyが辺で結ばれている場合にもサイクルがあったので、ここからは、この2つの場合を併せて考えることにしましょう。つまり、頂点数が道Pと同じサイクルCがあるとします。

このサイクルCがハミルトン・サイクルでなければ、それに含まれない頂点があります。そういう頂点の1つをvとしましょう。もしこの頂点vがサイクルC上の頂点の1つと辺で結ばれていたとすると、vからその辺をたどってサイクルCまで行き、そこからCに沿って1周すると、道Pよりも長い道が見つかってしまいます。これは道Pが最長であることに矛盾します。したがって、頂点vとサイクルC上のどの頂点とも辺で結ばれていないことになります。

そこで、サイクルC上の頂点の1つをuとすると、頂点vとuは

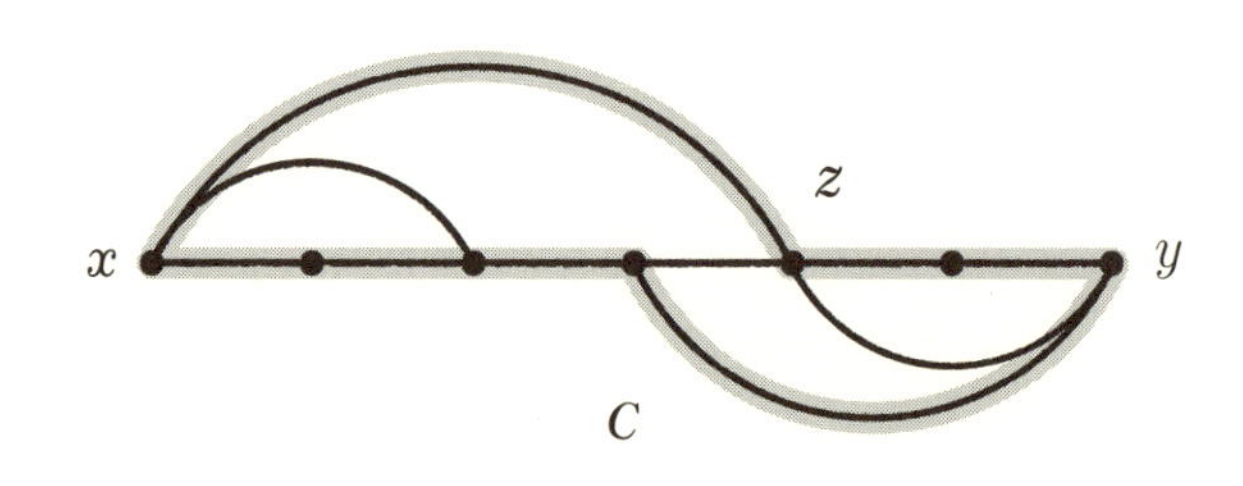

辺で結ばれていないので、仮定から、その次数の和はN以上です。

しかし、vとuから辺を伸ばすことができるのは、頂点全体からこの2つを除いた$N-2$個までなので、鳩の巣原理により、vとuの両方と辺で結ばれている頂点があることになります。その頂点をwとすると、wはvと辺で結ばれているので、それはサイクルC上の頂点ではありません（下図）。しかし、頂点wから辺をたどってuまで行き、サイクルCを1周することで、この場合も、道Pよりも長い道が見つかってしまいます。

したがって、サイクルCに含まれない頂点があると、矛盾が導かれてしまうので、グラフの頂点はすべてサイクルCに含まれることになります。つまり、Cがハミルトン・サイクルになっています。

参考までに述べておくと、「辺で結ばれていないどの2つの頂点の次数の和も頂点数以上になっている」という条件を、グラフがハミルトン・サイクルを持つための判定条件には使えません。この条件を満たすな

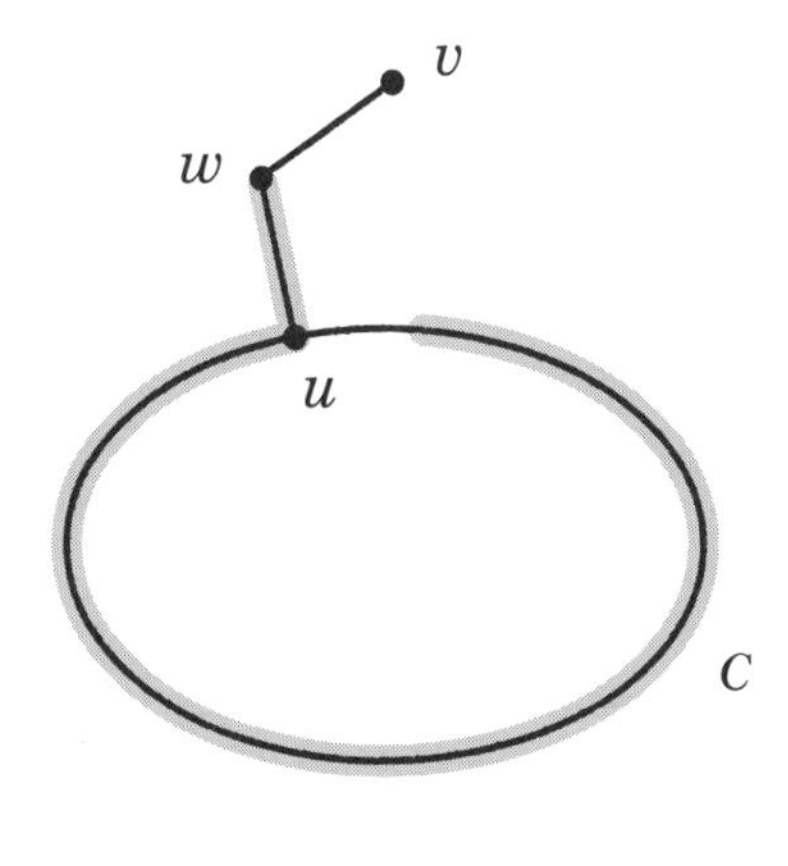

らば、ハミルトン・サイクルがあります。しかし、この条件を満たさない場合には、ハミルトン・サイクルがあるとも、ないとも言えません。

たとえば、下に示した20個の頂点からなるグラフにハミルトン・サイクルがあるかどうかを考えてみましょう。このグラフの頂点の次数はどれも3であり、3＋3＜20なので、条件を満たしません。しかし、このグラフにはハミルトン・サイクルがあります。自分で探してみてください。

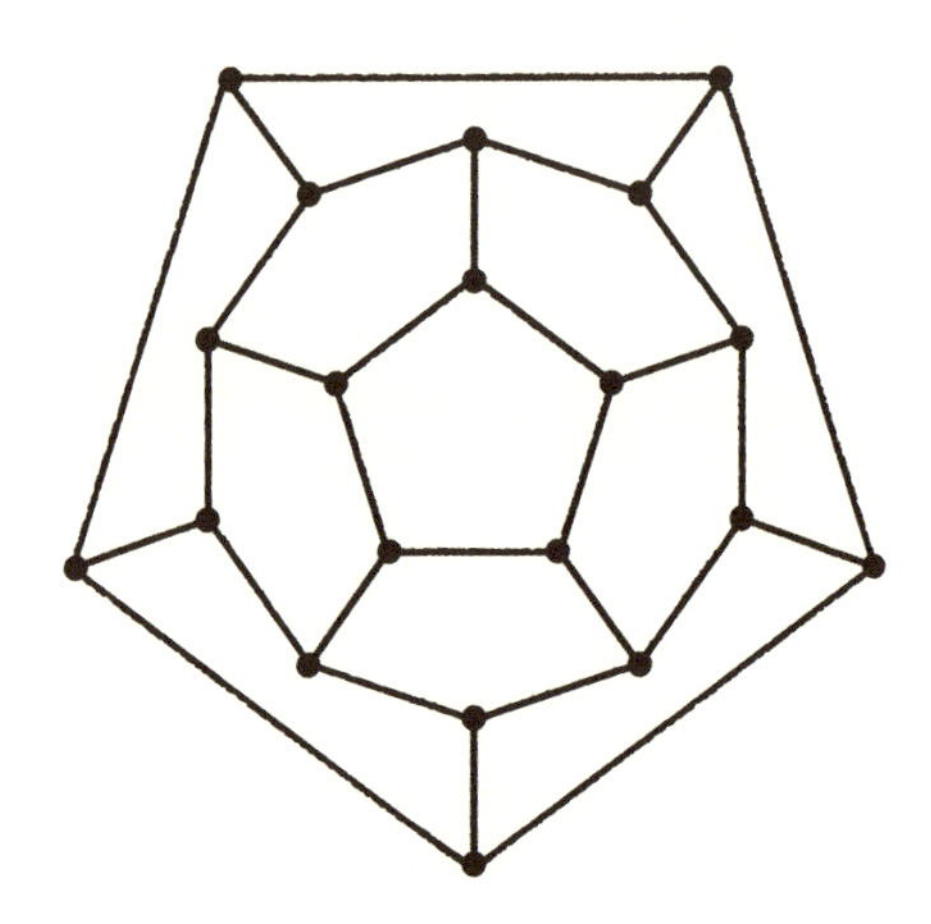

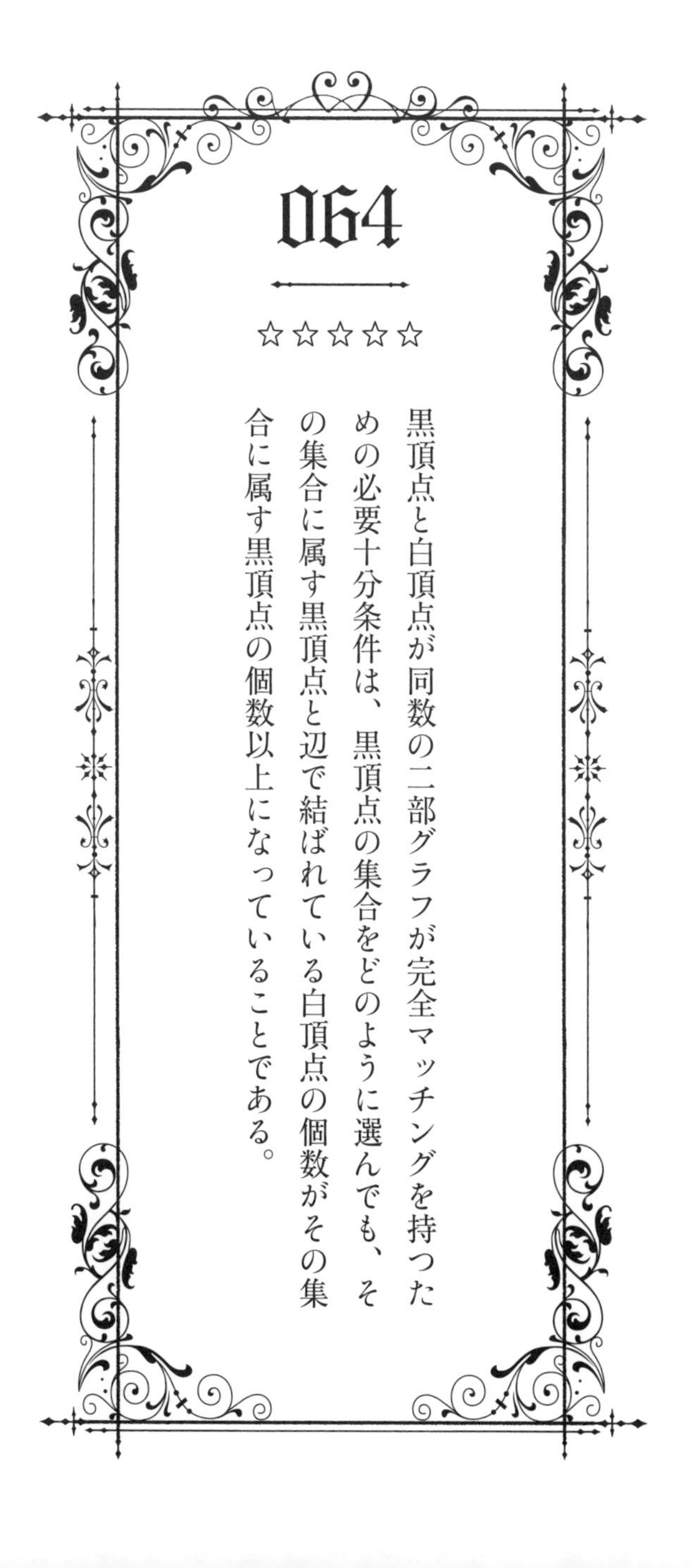

064

☆☆☆☆☆

黒頂点と白頂点が同数の二部グラフが完全マッチングを持つための必要十分条件は、黒頂点の集合をどのように選んでも、その集合に属す黒頂点と辺で結ばれている白頂点の個数がその集合に属す黒頂点の個数以上になっていることである。

これは「ホールの結婚定理」と呼ばれる、グラフ理論の基本的な定理です。黒頂点を男性、白頂点を女性に見立てると、全員が結婚相手を見つけられる条件を示しています。

すでに二部グラフについては説明したので、「マッチング」について説明しましょう。**マッチング**とは、図中の太線のように、同じ頂点に2本以上の辺が接続していないように選んだ辺の集合です。つまり、マッチングとして選んだ辺によって、頂点が2つずつペアになっていると考えることができます。もちろん、黒頂点と白頂点の個数が異なれば、すべての頂点をペアにできるわけがありません。それらが同数だからといって、そうできるともかぎりません。特に、すべての頂点をペアにしているマッチングを**完全マッチング**と呼びます。

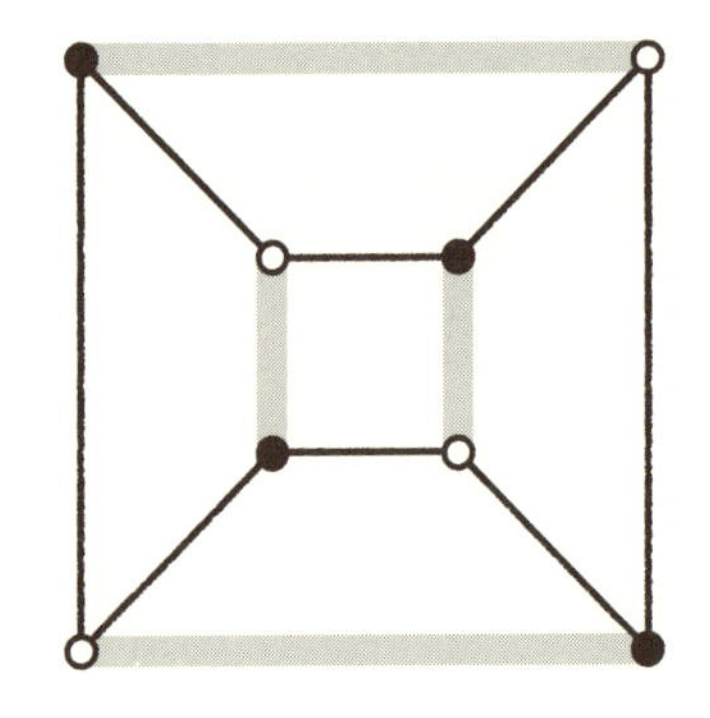

また、「必要十分条件」という言葉を知らない人がいるかもしれませんね。これは「必要条件」と「十分条件」が1つになった言葉です。「AならばB」が成り立つとき、「BはAの必要条件である」といい、反対に、「AはBの十分条件である」といいます。これが組み合わされて、「AはBの必要十分条件である」といえば、「AならばBも成り立つし、BならばAも成り立つ」という意味です。要するに、AとBは表現の仕方が違うけれど、同じことを言っているということです。

まず、二部グラフが完全マッチングを持つならば、そこに書いてある条件が成り立つことを示します。勝手に選んだ黒頂点の集合をSとし、この集合Sに属す黒頂点と辺で結ばれている白頂点全体の集合をTとします。示すべき条件はTが含む要素の個数はSに属す要素の個数以上だということです。そこで、この条件が成り立たず、Sの要素の方がTの要素よりも多いと仮定しましょう。

与えられた二部グラフにはマッチングがあるとしているので、そのマッチングでペアになっている黒頂点と白頂点を考えましょう。集合Sに属す黒頂点とマッチングでペアになっている白頂点はTに属しています。しかし、Sに属す黒頂点の方がTに属す白頂点よりも多いと仮定しているので、鳩の巣原理により、2つの黒頂点が同じ白頂点とペアになっていることになります。つまり、この2つのペアを結んでいる2本の辺はその白頂点に接続していいます。これはマッチングの定義に矛盾します。したがって、集合Sの要素の方がTの要素より多いことはなく、目的の条件が成り立つことになります。

逆に、その条件が成り立っているならば、二部グラフには完全マッチングがあることを示します。そこで、与えられた二部グラフには完全マッチングはないとしましょう。しかし、完全でないマッチングは必ず存在します。たとえば、辺を1本選んだだけでもマッチングです。うまく選べば、もっとたくさんの辺を含むマッチングを作ることができるでしょう。そうして作ったマッチングの中で含む辺の本数が最大のものを考えましょう。

そのマッチングは完全マッチングでないので、白頂点とペアになっていない黒頂点があります。その1つをxとしましょう。この頂点xにはマッチングに含まれる辺は接続していません。そこで、xからマッチングに属さない辺、属す辺、属さない辺、属す辺、というようにマッチングに属す辺と属さない辺を交互に通る道を考えます。そのような道をここでは**交互道**と呼びます。

黒頂点xからそのような交互道をたどって至ることのできる黒頂点全体の集合をSとします。また、Sに属す黒頂点と辺で結ばれている白頂点全体の集合をTとおきます。その集合TはSの黒頂点とマッチングの辺で結ばれている白頂点を含みます。集合Sにはマッチングの辺の端点とならない頂点xを含むので、Tにもマッチングの辺の端点になっていない白頂点が含まれます。そうでないと、Sに属す黒頂点の個数がTに属す白頂点の個数よりも多くなってしまい、仮定している条件が成り立ちません。

集合Tに含まれるマッチングの辺の端点とならない白頂点の1つをyとしましょう。その白頂点yから、それと辺で結ばれているSに属す黒頂点までその辺をたどって進むと、そこから交互道を進んで黒頂点xに至ることができます（下図（上））。つまり、yとxは両端がマッチングの辺でない交互道で結ばれています。その交互道に沿って、マッチングに属す辺と属さない辺を入れ替えると、最初に考えていたマッ

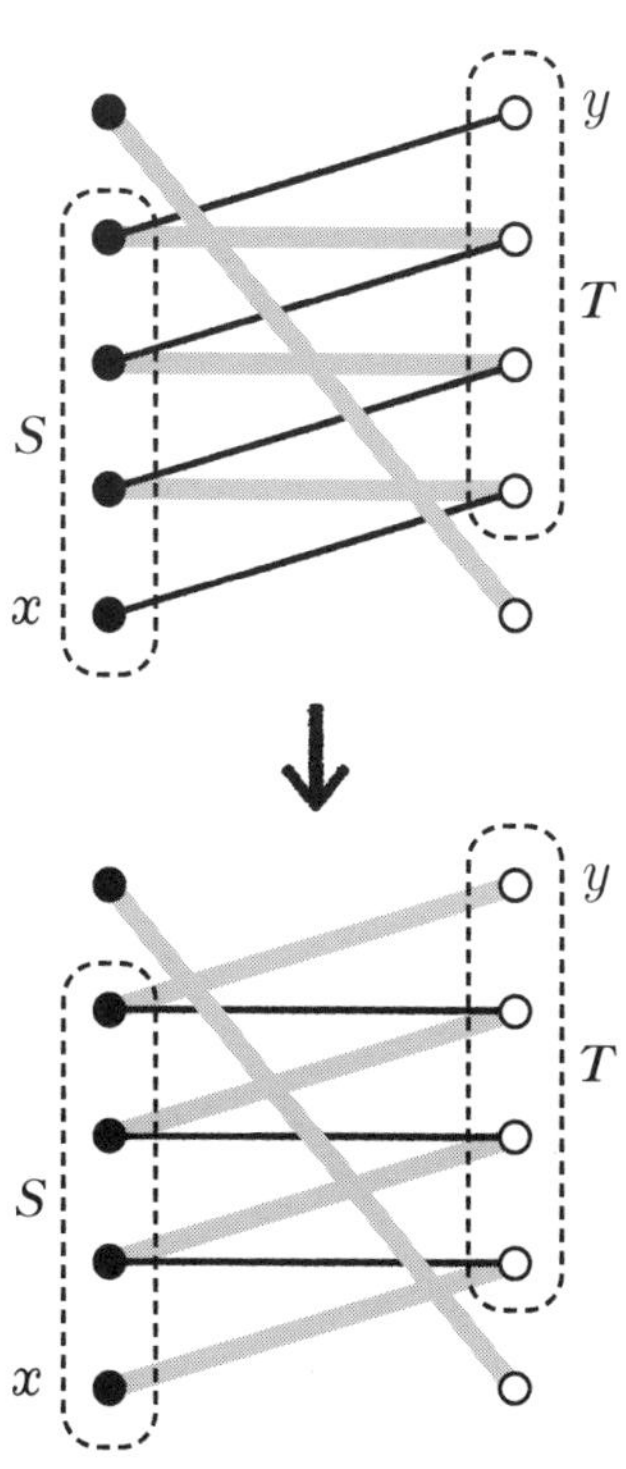

チング（163ページ上図の太線）よりも1本だけ辺の多い別のマッチング（下図の太線）を作ることができます。これは最初のマッチングの辺数が最大だったことに反します。したがって、その最大のマッチングは完全マッチングでなければなりません。

これで両方向の「ならば」が証明できました。したがって、書かれている条件が、二部グラフが完全マッチングを持つための必要十分条件であることが示されました。

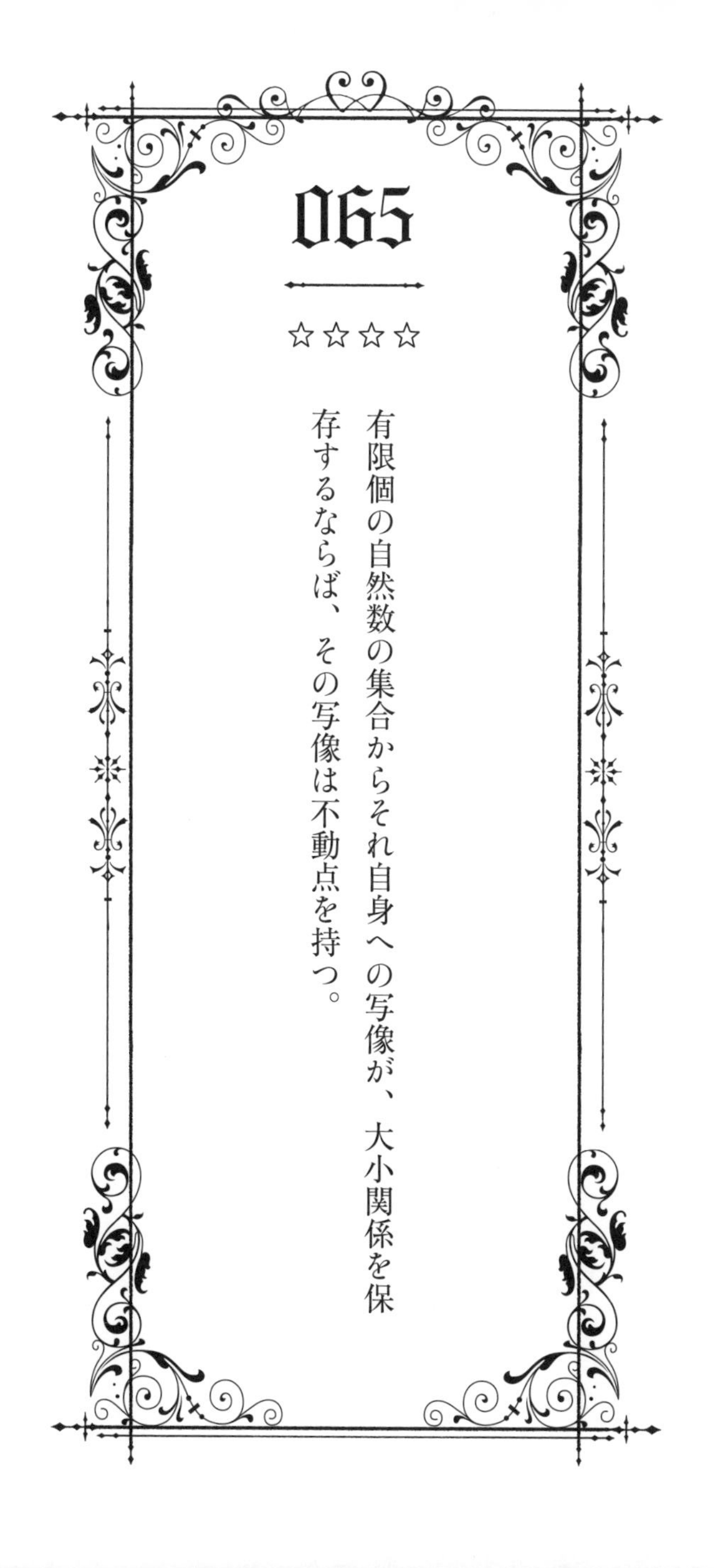

065

☆☆☆☆

有限個の自然数の集合からそれ自身への写像が、大小関係を保存するならば、その写像は不動点を持つ。

2つの集合AとBがあるとしましょう。たとえば、AとBとして、$\{1、2、3、4、5\}$のような数の集まりをイメージしてかまいません。集合Aの各要素に対して、集合Bの要素を1つ対応させる関係を**写像**と呼んで、$f:A\to B$のように表します。ここで、fが写像の名前です。集合Aをfの**定義域**、集合Bをfの**値域**と呼んで、fをAからBへの写像ということもあります。この写像によって集合Aの要素xに対応させられる集合Bの要素を$f(x)$と書きます。中学校や高校で習う関数$y=f(x)$と同様の概念ですが、定義域と値域が実数の集合に限定されていません。

写像fが集合AからA自身への写像ならば、$f(x)$は集合Aの要素なので、その要素に対して、再びfを施して、$f(f(x))$を作ることができます。このxを$f(f(x))$に対応させる写像をf^2で表します。同様に、fをk回繰り返し施すことで得られる写像を、指数を使ってf^kで表します。また、$f(x)=x$となる要素のことをfの**不動点**と呼びます。もちろん、写像の不動点がいつでも存在するわけではありません。

さて、有限個の自然数の集合をAとして、大小関係を保存する写像$f:A\to A$を考えましょう。つまり、集合Aの要素a、bに対して$a<b$ならば、$f(a)<f(b)$となっています。集

合Aは有限集合なので、その中で最大の要素を考えることができます。その最大の自然数をnとしましょう。すると、$f(n)$は集合Aの要素なので、n以下の数です。それを式で書くと、①のようになります。

写像fは大小関係を保存するので、この不等式の両辺の数にfを施しても、その大小関係は変わりません。つまり、②の不等式が得られます。さらにこの不等式の両辺にfを施すと、③の不等式が得られます。ここで、fの繰り返しを指数を使って書き直して、ここまでの3つの不等式をつなげると、④のようになります。

同様に、fを何回も施していくと、次々に1つ後の数を越えないような数の列をいくらでも長く作ることができます。しかし、その数列に並ぶ数の個数が集合Aの要素数を越えてしまうと、鳩の巣原理により、その数列の中には同じ数が現れることになります。その2つの数を

$$f(n) \leqq n \quad \cdots ①$$

$$f(f(n)) \leqq f(n) \quad \cdots ②$$

$$f(f(f(n))) \leqq f(f(n)) \quad \cdots ③$$

$$f^3(n) \leqq f^2(n) \leqq f(n) \leqq n \quad \cdots ④$$

$f^k(n)$と$f^h(n)$（$k<h$）としましょう。すると、この間に並ぶ数はすべてこの2つと等しくなります。特に、⑤が成り立ちます。そこで、xを⑥のようにおいてみると、⑦となって、xが写像fの不動点であることがわかります。

$$f^{k+1}(n) = f^k(n) \quad \cdots ⑤$$

$$x = f^k(n) \quad \cdots ⑥$$

$$x = f^k(n) = f^{k+1}(n)$$
$$= f(f^k(n)) = f(x) \quad \cdots ⑦$$

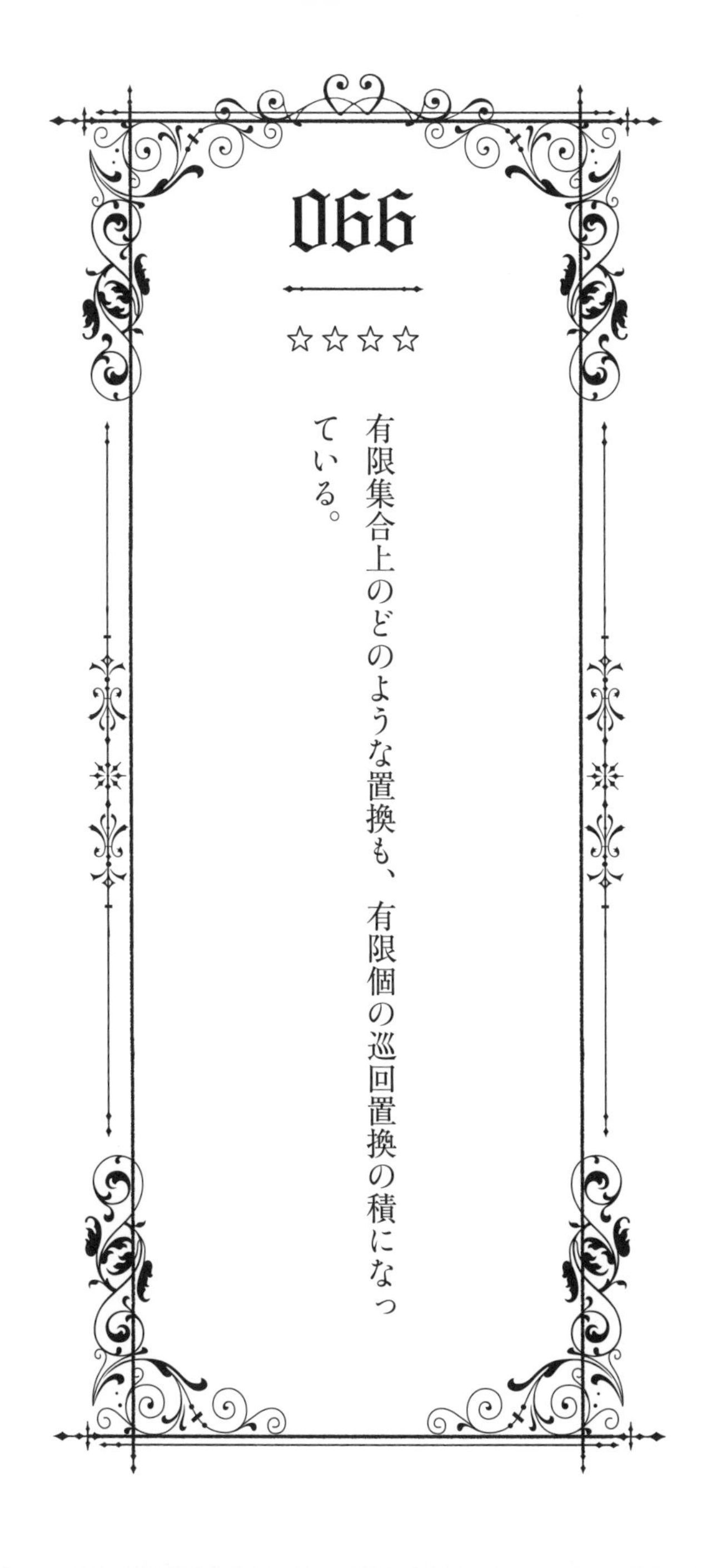

066

☆☆☆☆

有限集合上のどのような置換も、有限個の巡回置換の積になっている。

有限集合からそれ自身への1対1対応を**置換**と呼びます。こういう言い方をしても、ピンと来ない人もいるでしょうから、具体的な例で説明しましょう。

たとえば、有限集合として1から5までの自然数からなる集合$A=\{1、2、3、4、5\}$を考えましょう。写像$f: A \to A$が1対1対応だということは、集合Aの異なる要素は写像fによって異なる要素に対応させられるということです。つまり、集合Aの2つの要素a、bに対して、$a \neq b$ならば、$f(a) \neq f(b)$となっています。そこで、$f(1)$、$f(2)$、$f(3)$、$f(4)$、$f(5)$と並べてみると、1から5までの数が順番を変えて並ぶことになります。$\{1、2、3、4、5\}$からそれ自身への1対1対応は1、2、3、4、5の順番を置換して並べ替えることに相当しているので、「置換」と呼ぶのです。特に、1を2に、2を3に、3を4に、4を5に、そして、最後に5を1に対応させてもとに戻る置換を**巡回置換**と呼びます。

このような置換や巡回置換を具体的に表すときには、①のように表現する

$$f = \begin{pmatrix} 1 & 2 & 3 & 4 & 5 \\ 2 & 4 & 1 & 5 & 3 \end{pmatrix} \quad \cdots ①$$

ことがあります。これは、置換fによって上の番号がその下の番号にうつされることを表しています。特にこの置換では、1は2に、2は4に、4は5に、5は3に移されて、最後に3が1にうつされてもとに戻るので、巡回置換です。それを簡潔に表すために、②のように表すこともあります。

さて、一般的な状況で考えましょう。いま、有限集合A上の置換$f : A \to A$があるとします。集合Aの要素を1つ選んでaとします。このaから始めて、fを繰り返し施して、③のような要素の並びを作りましょう。

ここに並ぶ要素の個数が集合Aの要素の個数を越えると、鳩の巣原理により、その並びの中には同じ要素が2回以上現れることになります。その要素を表す2つを$f^k(a)$と$f^h(a)$（$k < h$）とします。特に$m = h - k$が最小になるように選んでおけば、この2つの間にはそれと同じ要素を表すものはありません。つまり、$m = h - k$、$b = f^k(a)$とおくと、④の要素の並びには

$$f = \begin{pmatrix} 1 & 2 & 3 & 4 & 5 \end{pmatrix} \quad \cdots ②$$

$$a, \quad f(a), \quad f^2(a), \quad f^3(a), \quad \cdots, \quad f^n(a) \quad \cdots ③$$

$$b, \quad f(b), \quad f^2(b), \quad f^3(b), \quad \cdots, \quad f^{m-1}(b) \quad \cdots ④$$

同じ要素は含まれていません。そして、最後の要素にfを施すと⑤のようになり、bに戻ります。そこで④に並ぶ要素だけを集めて1つの集合Bだと考えれば、fはB上では巡回置換になっていると見なせます。

　そこで、集合Aから集合Bの要素を取り除いて得られる集合から要素a（以前のものとは別物でよい）を選んで、同じことを考えると、別の巡回置換が見つかります。さらに同じことを繰り返していけば、次々と巡回置換が切り出されていき、いずれ選ぶべき要素aがなくなり、集合Aのすべての要素が切り出された巡回置換のいずれかに含まれています。このような状況を「置換fは巡回置換の積になっている」といいます。

$$f^m(b) = f^{h-k}(b) = f^h(a) = b \quad \cdots ⑤$$

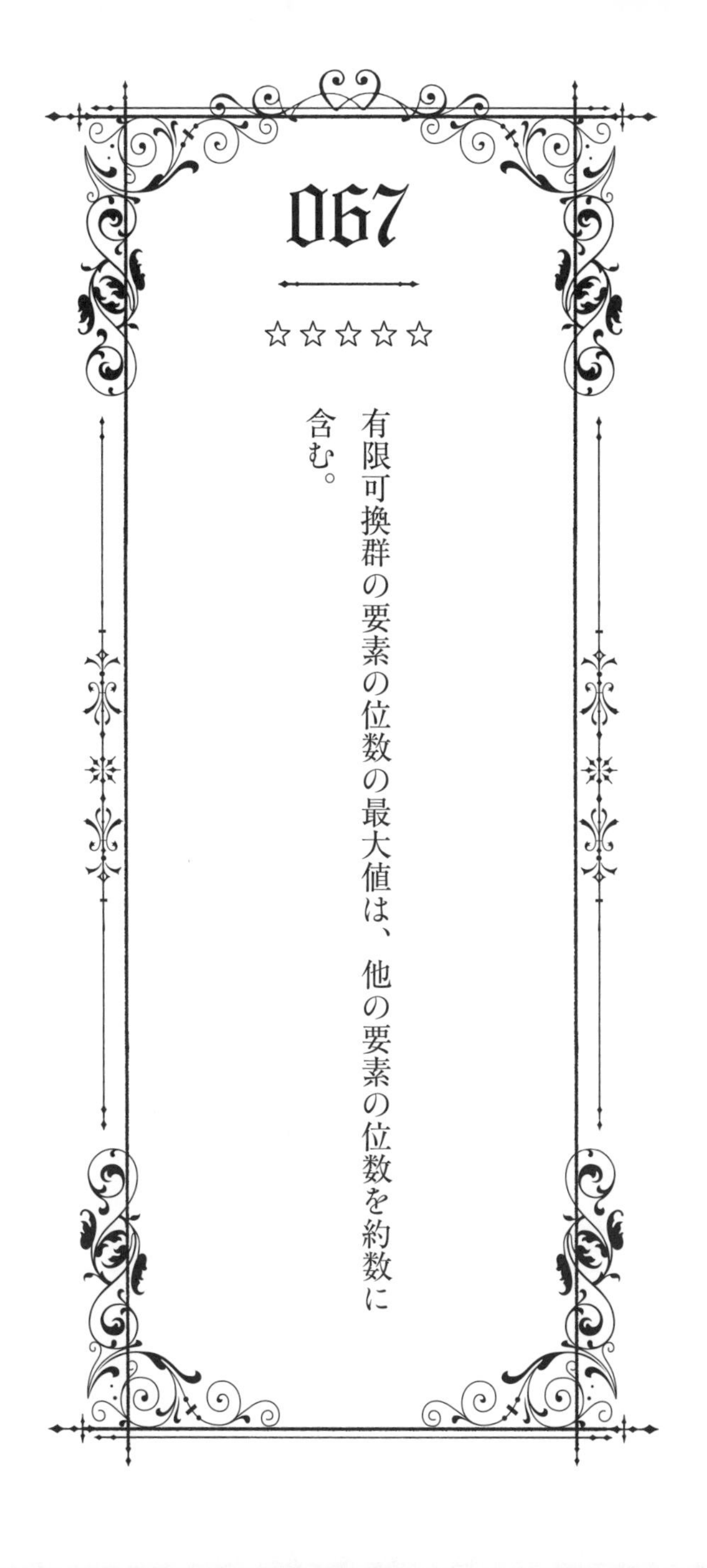

067

☆☆☆☆☆

有限可換群の要素の位数の最大値は、他の要素の位数を約数に含む。

まず、**有限可換群**とは何なのかを説明すべきでしょう。しかし、それを一般的に定義するとわかりにくくなってしまうでしょうから、とりあえず「文字を並べた文字式の集合」だと思ってください。つまり、それは a や b や x や ab などの記号の集まりです。

さらに、文字式どうしの積（＝かけ算）が定義されているとします。中学校で習うように、2つの文字式の積はそれを順番に並べて得られる文字式のことです。特に、同じ文字を何回もかけて、$aaa\cdots a$ という文字式を作るときには、その繰り返し回数 n を指数として添えて、a^n で表します。また、a^{-n} をかけると、その前に a^n があれば、その部分が消えます。特に、aa^{-1} は消えて、何もなくなってしまいそうですが、1が残ると思ってください。

このような文字式の集合が「群」です。つまり、1を含み、要素の積が定義されていて、正負の指数も使える。さらに、文字式内の文字の順番を変えても同じ要素を表しているとき、「可換群」といいます。そして、その要素の個数が有限ならば、「有限可換群」というのです。

そこで、有限可換群 A の要素を1つ選んで x としましょう。x を何回もかけて、x、x^2、x^3、…を作っていくと、いずれ A が含む要素の個数を越えるので、鳩の巣原理により、この並びには同じ要素が2回現れることになります。それを x^k と x^h（$k > h$）とします。つまり、$x^k = x^h$ なので、この両辺に x^{-h} をかけて h 個の x を消すと、$x^{k-h} = 1$ となります。

ここで、$k-h$は正の整数です。

したがって、有限群（可換でなくてもよい）の中のどの要素も連続して何回もかけていくと、1になることがわかりました。そこで、各要素を何回もかけていき、はじめて1になる回数をその要素の**位数**と呼びます。つまり、要素xの位数とは、$x^n=1$となる最小の正の整数nのことです。特に、1の位数は1です。また、xを何回もかけて1になるのは、その回数が位数の倍数になっているときだけです。つまり、整数kに対して、$x^{kn}=1$となります。kが負の場合にも成り立ちます。

有限可換群Aの要素の個数は有限なので、要素の位数の最大値を考えることができます。その最大値をNとして、それを位数とする要素をxとしましょう。一方、勝手に選んだ要素をaとして、その位数をnとします。さらに、Nとnの最大公約数をdとして、$m=n/d$とすると、Nとmは互いに素です。後の都合で$b=a^d$とおくと、$b^m=(a^d)^m=a^{dm}=a^n=1$なので、bの位数はmになります。

そこで、bx^{-1}の位数を考えてみましょう。これは有限可換群Aの要素なので、その位数をrとすると、Aが可換群であることから、①（176ページ）のような計算ができます。

この両辺にx^rをかけて、左辺の$(x^{-1})^r$を消すと、$b^r=x^r$であることがわかります。これをm回かけたものを考えると、②のようになります。

これから、rmはNの倍数になり、Nで割り切れます。ところが、Nとmは互いに素なので、Nはrを割り切ることになります。したがって、rはN以上の数になります。しかし、Nは最大の位数だったので、bx^{-1}の位数であるrはNより大きくなることはありません。つまり、$r=N$となります。

また、$b^r=x^r$でした。これに$r=N$を代入して、$b^N=x^N=1$となるので、Nはbの位数mの倍数です。再び、Nとmは互いに素であることから、$m=1$とならざるを得ません。したがって、$m=n/d$だったので、nはNとnの最大公約数dと一致することになり、要素aの位数nはNの約数になります。

$$(bx^{-1})^r = b^r(x^{-1})^r = 1 \quad \cdots ①$$

$$\begin{aligned} x^{rm} &= (x^r)^m = (b^r)^m \\ &= b^{rm} = (b^m)^r = 1^r = 1 \quad \cdots ② \end{aligned}$$

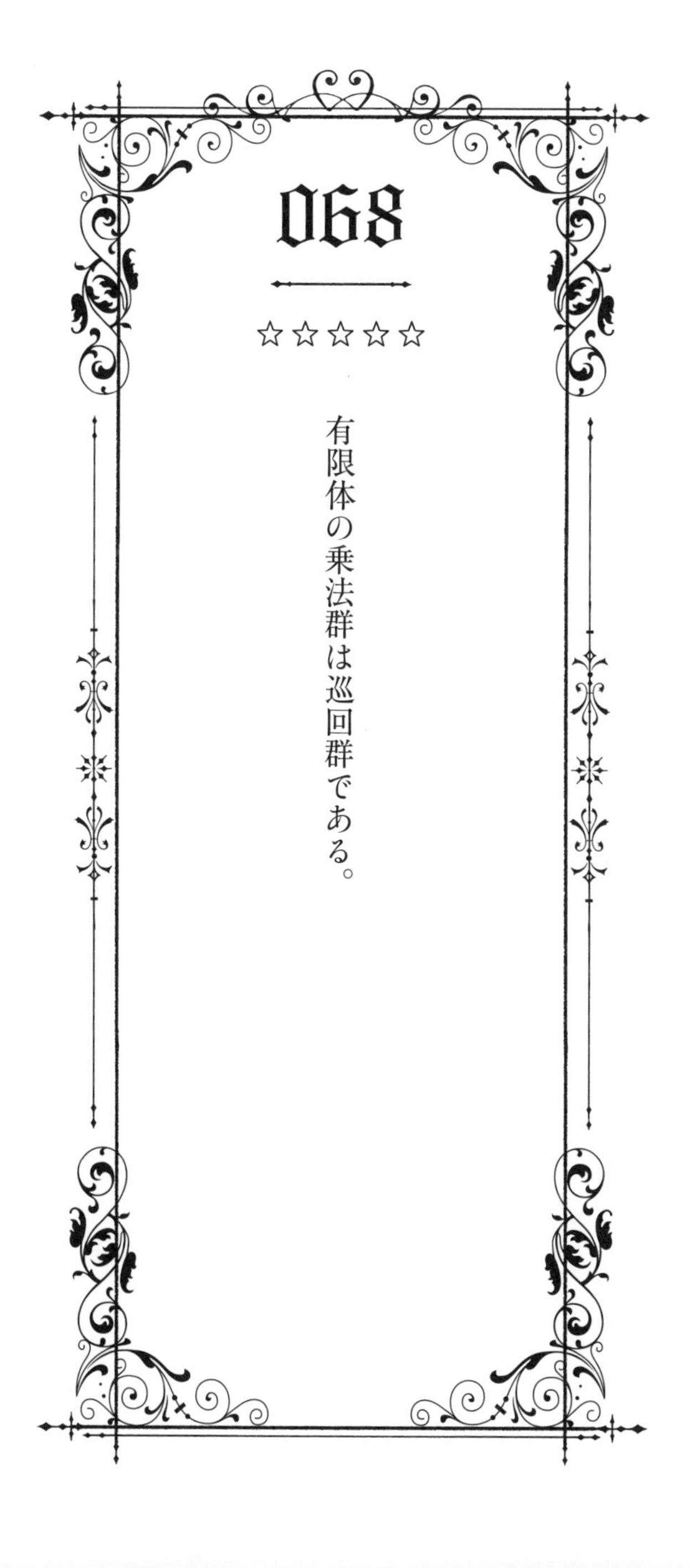

068

☆☆☆☆☆

有限体の乗法群は巡回群である。

まず、「体」とは何かを説明しましょう。簡単にいうと、四則演算が定義されている数の集まりが**体**です。たとえば、整数全体の集合では、足し算、引き算、かけ算は自由にできます。しかし、整数どうしの割り算の答えは必ずしも整数にはなりません。つまり、整数全体の集合で閉じた割り算が定義できないので、それは体ではありません。一方、有理数全体、実数全体、複素数全体の集合はそれぞれ体になります。これらの例はすべて無限集合ですが、有限集合が体になることもあります。それが**有限体**です。

体には、0と1という特別な要素が含まれています。0は何にかけても、その答えが0になってしまう数です。1は何にかけても、答えはそのままです。普通の0と1と同じ役目をしています。また、要素xで割ることはx^{-1}をかけることと同じです。

体ではかけ算も割り算も自由に行えるわけですが、唯一、0で割ることだけは禁止されています。そこで、体から0を除くと、かけ算も割り算も何の制約もなしに行えるので、つまり、それは群になるので、与えられた体から0を除いた集合をその体の**乗法群**と呼びます。

体においてかけ算の順番を変えても答えは同じなので、体の乗法群は174ページで説明した「可換群」になっています。さらに、体が有限ならば、その乗法群は「有限可換群」です。したがって、【067】の扉より、その中の要素の位数の最大値は、他の要素の位数を約数として含みます。

その位数の最大値を与える要素をaとして、その位数をNとしましょう。このとき、乗法群のどの要素bに対しても、$b^N=1$となります。なぜなら、bの位数mはNの約数だからです。つまり、適当な整数kに対して、$N=mk$となり、①のような計算ができるからです。

ここで、方程式$x^N-1=0$というN次方程式を考えましょう。いま見たことから、bはこの方程式の解になります。もちろん、$(a^k)^N=a^{kN}=(a^N)^k=1^k=1$なので、1、$a$、$a^2$、$a^3$、…、$a^{N-1}$もこの方程式の解になっています。一方、$N$次方程式の異なる解は$N$個以下しかありません。ということは、鳩の巣原理により、bとa^kで表される要素を併せた$N+1$個の解の中には同じものが含まれていることになります。しかし、1、a、a^2、a^3、…、a^{N-1}はすべて異なるので、その中のどれかとbが同じ要素になります。つまり、有限体の乗法群の要素はすべてa^kという形で表されることになります。

このように1つの要素を何回もかけて作った要素だけからなる群をその要素を生成元とする**巡回群**と呼びます。何回もかけていくうちに、1に戻り、同じ要素

$$b^N=b^{mk}=(b^m)^{\mathrm{k}}=1^k=1 \quad \cdots ①$$

を巡回し、その要素を使ってすべての要素を作ることができるからです。

これで有限体の乗法群が巡回群になることがわかりました。とはいえ、抽象的な議論だけでは実感がわかないでしょうから、具体的な例を示しておきましょう。

たとえば、0から10までの整数からなる集合を考えましょう。この集合から2つを選び、四則演算をすると答えが10を越えてしまうことがありますが、その場合にはその答えを11で割ったときの余りに改めてその計算の答えだとします。そうすることで、0から10までの整数の集合の中で四則演算が自由にできるようになり、それは体になります。

そこで、1から始めて2倍、2倍を繰り返していき、11で割ったときの余りを並べていくと、②のような数列が得られます。この数列には1から10まで整数がすべて現れ、1に戻って巡回します。つまり、この有限体の乗法群は2を生成元とする巡回群だということです。

$$1 \to 2 \to 4 \to 8 \to 5 \to 10 \to 9 \to 7 \to 3 \to 6 \to 1 \quad \cdots ②$$

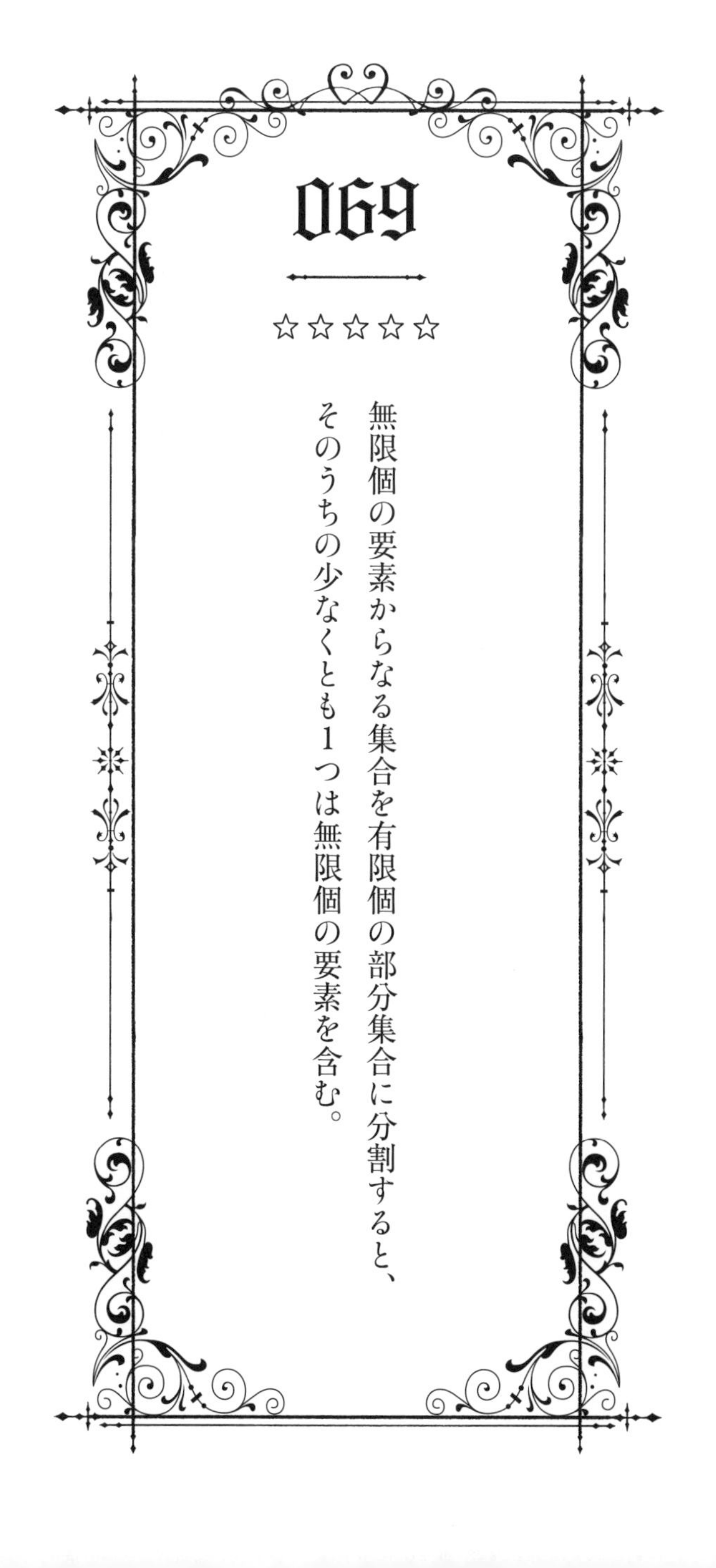

069

☆☆☆☆☆

無限個の要素からなる集合を有限個の部分集合に分割すると、そのうちの少なくとも1つは無限個の要素を含む。

有限個の要素からなる集合を有限個併せた集合には、当然、有限個の要素しか含まれていません。つまり、集合を有限個の部分集合に分割したとき、その部分集合のいずれも有限個の要素しか含まないと、もとの集合も有限個の要素しか含んでいないことになります。したがって、もとの集合が無限個の要素を含むならば、分割した部分集合のどれかが無限個の要素を含むことになります。

これも「鳩の巣原理」と同じ香りのする事実ですね。「一般化された鳩の巣原理」をさらに無限バージョンに拡張したものだと解釈できます。なので、この無限集合に対するこの考え方を、「無限バージョンの鳩の巣原理」と呼ぶことにしましょう。これと対比していうと、ここまでに考えてきた鳩の巣原理は、「有限バージョンの鳩の巣原理」です。

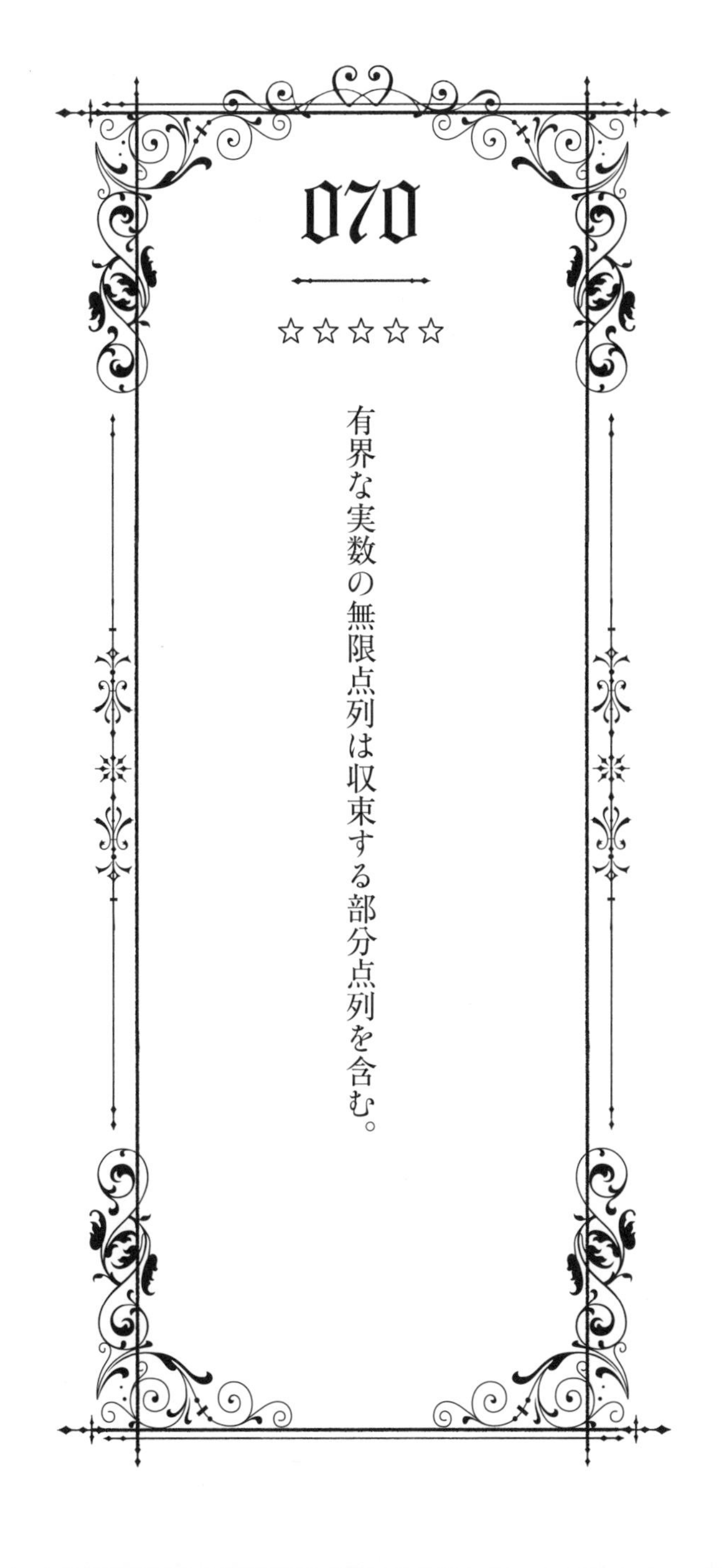

070

☆☆☆☆☆

有界な実数の無限点列は収束する部分点列を含む。

これは「ワイエルシュトラスの定理」と呼ばれています。実数全体の集合の基本的な性質を示す命題です。厳密にこれを証明するためには、コーシー列や実数の完備性など、難しい概念が必要になるので、ここでは直観的な議論に留めておきます。

無限個の実数からなる数列を考えましょう。実数は数直線上の点に対応しているので、この数列の要素は数直線上の無限個の点だと見なすことができます。これが**無限点列**です。その無限個の点を追っていくと、数直線上をどんどん右や左に進んでいって、原点の0から遠ざかっていってしまうこともあるでしょう。そうではなくて、無限個の点のすべてが有限の範囲に留まっていることもあります。そのような無限点列は**有界**であるといいます。つまり、有界な無限点列では、点を表す実数の絶対値がある数以下になっていると考えてもよいでしょう。

ということは、数直線上の拡大・縮小と平行移動を行うことで、

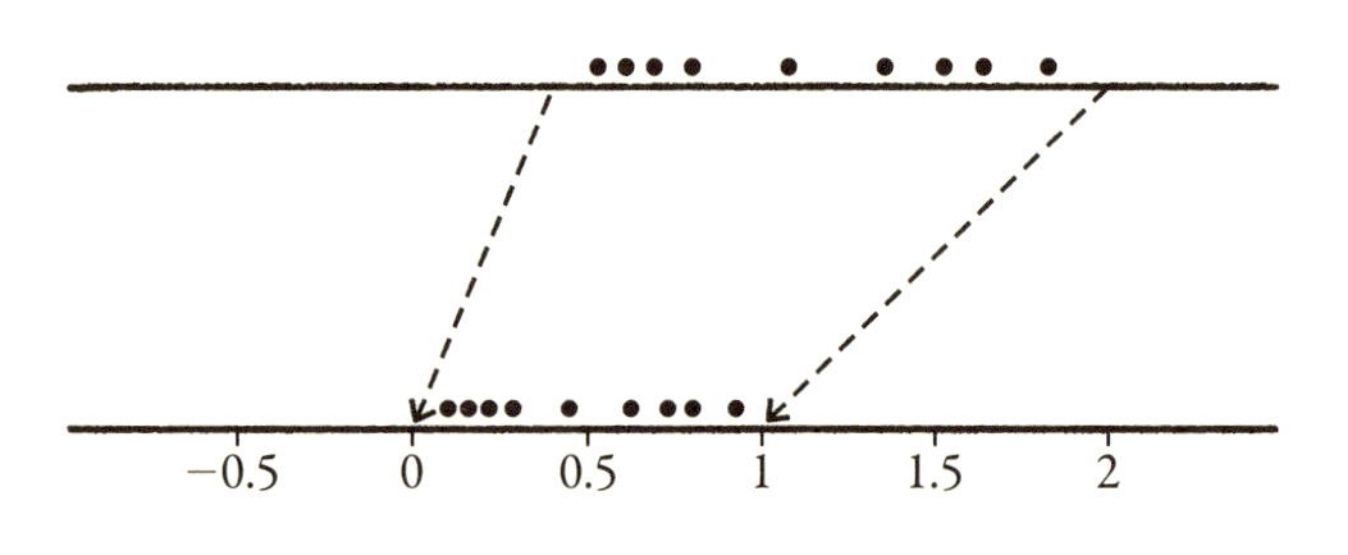

どんな有界な無限点列も0から1までの区間の中に納めることができます。その区間の中で、無限点列が収束する部分点列を含むことを示していきます。

まず、0から1までの区間の0.1、0.2、…、0.9の点で10等分しましょう。ただし、分割したそれぞれの区間の右端の点はその区間には含めないことにします。つまり、1つ目の区間は0以上0.1未満、2つ目の区間は0.1以上0.2未満の数を含んでいます。無限バージョンの鳩の巣原理により、この10個のうちのどれかには、無限点列の部分になっている無限点列が含まれていることになります。その無限点列から適当な点を選んでa_1としましょう。

たとえば、その無限点列が3つ目の区間、つまり0.2以上0.3未満の区間に含まれているのなら、その無限点列の点にあたる実数を小数で表せば、いずれもその先頭部分は0.2になっています。そこで、その区間を10等分すると、無限バージョンの鳩の巣原理により、その10個の区間のどれかに、やはり無限点列が含まれることになります。そして、その区間が含まれる小数の小数点以下第2の桁はすべて同じ数になっています。その数が3だとすると、ここまでで残っている無限点列の点に相当する実数は、0.23から始まる小数で表されます。そういう点の1つを選んで、a_2としましょう。さらに、いま注目している区間を10等分して、無限バージョンの鳩の巣原理を適用して、ということを無限に繰り返していくことで、無

限点列 $\{a_1, a_2, a_3, \dots\}$ を作ることができます。

そこで、a_n を小数で表したときの小数点以下 n 桁目の数を並べて得られる無限小数で表される実数を α としましょう。数列 $\{a_n\}$ はこの実数 α に収束します。実際、n が大きくなるに従って、a_n の小数表示の先頭部分がどんどん α に近づいていきます。

$$\lim_{n\to\infty} a_n = \alpha$$

ついに、鳩は無限の彼方へと羽ばたいていきました。

あとがき

実は、私は日本における位相幾何学的グラフ理論のパイオニアとして知られる数学者です。「パイオニア」ということは、この分野の研究を私が始めたということです。もちろん、大学生のときには従来的な数学もたくさん勉強しましたが、私が拓いた位相幾何学的グラフ理論については、当然、私が読むべき教科書はありませんでした。なので、私は私自身で生み出した独自のスタイルでこの分野の研究を推し進めました。そのおかげで、多くの人たちが思う「数学」とはかなり趣の異なる世界を歩んできたと思います。

その独自の研究スタイルとは、たくさん絵を描いて、言葉で考えるということです。もちろん、数式を計算することで明らかになることもありますが、私の拓いた分野では、数式の計算だけで証明できる事柄はレベルが低いという価値観があります。念のため述べておきますが、高度な計算をして現象を解明することに意味のある分野もありますよ。

ここでは「位相幾何学的…」の説明はやめておきますが、「グラフ理論」については、特別篇で垣間見てもらいました。グラフは点と線からなる簡単な図形なのに、解説に書かれた議論は抽象的でよくわからなかったという人もいるでしょう。絵が描かれているのに、その具体的な姿に囚われず、一般的な状況で考えなければならない。その助けとなるのが「言葉で考える」です。それは論理的かつ抽象的に考えるということです。

数学を学ぶことでそういう考え方が身につくと期待する人もいるようですが、はたしてそうでしょうか。私には、数式の計算をしているだけでは、その期待に応えられないと思います。そして、「計算しない数学」というアイディアに至りました。まったく計算しないというわけではないけれど、絵を描いて、言葉で考える。そうすることで楽しむことのできる数学があることを人々に知ってもらいたいと、拙著『計算しない数学』を著しました。

本書もこの「計算しない数学」の流れに沿うものです。特に、「言葉で考える」に焦点を絞りました。鳩の巣原理という当たり前のことを利用して、地球には、髪の毛の本数が同じ人がいることがわかるなんて、愉快ですよね。今後も、機会があれば、別の原理をテーマにして「計算しない数学」の本を書いてみたいと思います。

平成27年1月吉日　著者記す

根上生也 ねがみ・せいや

1957年東京都国分寺市生まれ。

横浜国立大学大学院環境情報研究院教授。理学博士。

日本における位相幾何学的グラフ理論の第一人者として研究を続ける一方、新たな数学教育のあり方を模索し、著作や講演などの啓蒙活動を活発に行う。最近では、NHK総合テレビ「頭がしびれるテレビ」、「ハードナッツ！」の監修をしている。

おもな著書に、『離散構造』（共立出版）、『位相幾何学的グラフ理論入門』（横浜図書）、『基礎数学力トレーニング—Nの数学プロジェクト』（共著）、『トポロジカル宇宙［完全版］—ポアンカレ予想解決への道』、『四次元が見えるようになる本』（以上、日本評論社）、『人に教えたくなる数学—パズルを解くよりおもしろい』（ソフトバンククリエイティブ）、『計算しない数学—見えない"答え"が見えてくる！』（青春出版社）、訳書に、『世界で二番目に美しい数式（上・下）』（岩波書店）などがある。

ピジョンの誘惑（ゆうわく）
論理力（ろんりりょく）を鍛（きた）える70の扉（とびら）

2015年2月25日　第1版第1刷発行

著　　者　根上生也

発 行 者　串崎　浩

発 行 所　株式会社 日本評論社
〒170-8474 東京都豊島区南大塚3-12-4
電話 03-3987-8621（販売） 03-3987-8599（編集）

印　　刷　三美印刷株式会社

製　　本　株式会社 難波製本

ブックデザイン・図版作成　原田恵都子（ハラダ+ハラダ）

ISBN978-4-535-78777-3　Printed in Japan